# 人体の限界

人はどこまで耐えられるのか
人の能力はどこまで伸ばせるのか

山崎昌廣

## 著者

### 山﨑昌廣（やまさき まさひろ）

広島文化学園大学・教授（人間健康学部開設準備室室長、平成30年4月より人間健康学部学部長就任予定）。広島大学名誉教授。医学博士（熊本大学）。九州芸術工科大学芸術工学部専攻科（現九州大学芸術工学部）修了。熊本大学体質医学研究所生理学研究部および広島大学大学院総合科学研究科身体運動科学研究部門において、スポーツ健康科学、アダプテッドスポーツ科学、運動生理学分野の研究に従事。編著書として、『人間の許容限界ハンドブック』、『人間の許容限界事典』、『高圧生理学』（いずれも朝倉書店）、共著として、『環境生理学』（培風館）、『健康スポーツ科学』、『健康と運動の生理』（いずれも技報堂出版）などがある。

本書内に記載されている会社名、商品名、製品名などは一般に各社の登録商標または商標です。本書中では®、™マークは明記しておりません。

本書の出版にあたっては正確な記述に努めましたが、本書の内容に基づく運用結果について、著者およびSBクリエイティブ株式会社は一切の責任を負いかねますのでご了承ください。

# はじめに

　人体にはいろいろな限界があります。たとえば、100m走などの記録や円周率を何桁覚えられるかなどはギネスブックなど世界記録を調べれば分かることで、これらは**能力の限界**です。お風呂の温度は通常40℃前後ですが、43℃あたりでも我慢して浸かる人がいるかもしれません。それでは、45℃ではどうでしょうか？我慢に我慢して、どうにか入ることができるかもしれません。しかし、これはもう**無理の限界**です。また、お酒は少量であれば健康にいいと言われていますが、それが度を超えると肝臓を傷めたり、高血圧になったりと、体に悪い影響を及ぼします。これは**許容の限界**となります。

　2018年2月現在のギネス記録によると、世界で一番重かった人の体重は約635kgです。それではこの体重は何の限界でしょうか？　重くなる体重は、能力の限界でもありませんし、無理の限界でもありません。ましてや、常識的な許容範囲をはるかに超えているので、許容の限界でもありません。おそらく、現在の体重の世界記録は、まだ少しは記録を伸ばせる可能性はありますが、人体にとってまさに限界であって、言わば「極限」なのかもしれません。

　このように、人体の限界にはいろいろな限界があります。本書では、それぞれの項目によって、これらの限界を使い分けました。一方、明確な限界を示せない機能も存在します。基準値や標準値などを設定できない人体の能力です。限界という言葉では測れない人体機能なのです。神経系や心理系を中心としたいくつか

の項目はこれにあたるため、限界の明確な記載はしていません。

　本書では限界を扱う便宜上、人体の機能別に分けてあります。しかしながら、人体の機能にはそれぞれ関連性があるので、本書での分類に疑問を持たれる方もおられるでしょう。たとえば、「骨の力」は適応機能に入れました。しかし、身体を支え、身体を動かすのに不可欠ですから、運動機能に入れるべきだという議論もあるかと思います。あるいは、骨は生命活動に欠かせないカルシウムの貯蔵庫ですから、代謝機能に入れてもいい項目です。本書に掲載した人体の各機能を項目別に分類するには、限界があるのだと思ってご容赦ください。

　当然ですが、人体の限界には個人差が大きく影響します。スポーツの世界記録などはその典型的な例です。しかし、個人差のことを取り上げるとキリがないので、本書ではあくまで平均的な人体を対象として、多くの限界を取り扱っています。「私の限界はこんなもんじゃない」とか「私の知り合いでこんなすごい人がいる」という方もいらっしゃるかもしれません。それは、そう感じた方やお知り合いの方の限界が平均的な人間を超越しているのだとお考えください。

　筆者はこれまで『人間の許容限界ハンドブック』(1987年)と『人間の許容限界事典』(2009年、いずれも朝倉書店)という、人体の限界を扱った本の編集に携わりました。これらの本で各項目の執筆にあたってくださったのは、それぞれの分野において第一線で活躍されている研究者でした。したがって、一般向けとしての面白さをも含んでいましたが、むしろ人体の限界と向き合って仕事をされている専門家向けの本でした。この2冊の本が本書を執筆するうえで参考になったことは言うまでもありません。また、これらの本以外にも、数多くの文献を参考にさせていただきまし

た。それらをすべて列挙するのは紙面の都合上できませんでした。ご了解くだされば幸いです。

　本書は、人体についてもっと深く知りたい人、特に能力の限界についての知識を深めたいと思っている一般の人を対象として執筆しました。そのため、通勤中の電車の中でも気軽に読めるように、できるだけ平易な言葉を使い、分かりやすい内容となるように心がけました。

　人体の限界を知ることには、とても興味をそそられます。日々の生活を送るうえでの参考になる内容もあれば、人体をより深く理解する材料にもなると思います。本書が、読者の皆様の興味を少しでも引くことができれば幸いです。

**山﨑昌廣**

# CONTENTS

はじめに .................................................... 3

## 第1章 神経機能　　　　9

| 01 | 見る力 ................................................ 10 |
| 02 | 聴く力 ................................................ 13 |
| 03 | 嗅ぐ力 ................................................ 17 |
| 04 | 味の認識力 ...................................... 20 |
| 05 | サーカディアンリズム ................ 23 |
| 06 | 時差ぼけと交替制勤務 ............ 26 |
| 07 | 心拍数の限界 .............................. 29 |
| 08 | 高血圧 ................................................ 32 |
| 09 | 排尿 ................................................... 35 |
| 10 | 排便 ................................................... 38 |
| 11 | 男性の更年期障害 .................... 42 |
| 12 | 敏捷性 ............................................... 46 |
| 13 | バランスを保つ限界 ................ 50 |

## 第2章 運動機能　　　　55

| 14 | 速く走る限界（速度）................ 56 |
| 15 | 長く走る限界（距離＆時間）.... 59 |
| 16 | 全身持久力 ..................................... 62 |
| 17 | 歩行と健康 ..................................... 66 |
| 18 | 山登り ............................................... 69 |
| 19 | 筋力・筋パワー ........................... 73 |
| 20 | 有酸素運動と無酸素運動 ....... 77 |
| 21 | 運動による疲労 ........................... 80 |
| 22 | 投げる能力 ..................................... 84 |
| 23 | 跳ぶ能力 .......................................... 87 |
| 24 | 泳ぐ能力 .......................................... 90 |
| 25 | 潜る能力 .......................................... 94 |

人体の限界

人はどこまで耐えられるのか　人の能力はどこまで伸ばせるのか

| 26 | 横たわる限界 | 97 |

## 第3章 心理機能　101

| 27 | ストレス | 102 |
| 28 | キレる（切れる） | 106 |
| 29 | 社交不安 | 109 |
| 30 | あがり | 112 |
| 31 | やる気の創出 | 115 |
| 32 | 記憶力 | 118 |
| 33 | 睡眠不足 | 121 |
| 34 | 覚醒限界 | 124 |
| 35 | 適応障害 | 127 |
| 36 | 認知限界 | 131 |
| 37 | 受動的学習と能動的学習 | 139 |
| 38 | フローとゾーン | 142 |
| 39 | 反応の限界 | 145 |

## 第4章 代謝機能　149

| 40 | ダイエット | 150 |
| 41 | エネルギー消費量と摂取量 | 154 |
| 42 | 糖質制限 | 157 |
| 43 | 脂質制限 | 161 |
| 44 | 体脂肪 | 164 |
| 45 | コレステロール | 168 |
| 46 | タンパク質の必要量 | 172 |
| 47 | ミネラルの摂取限界 | 175 |
| 48 | ビタミンの摂取限界 | 179 |
| 49 | 食物繊維 | 184 |
| 50 | 塩分摂取の許容限界 | 187 |
| 51 | GI 値と GL 値 | 190 |

# CONTENTS

| | | |
|---|---|---|
| 52 | 飲酒の許容限界 | 194 |

## 第5章 適応機能 — 199

| | | |
|---|---|---|
| 53 | 健康維持 | 200 |
| 54 | 寿命の限界 | 203 |
| 55 | 老化 | 207 |
| 56 | 身長の限界 | 210 |
| 57 | 体重の限界 | 213 |
| 58 | 骨の力 | 216 |
| 59 | 高体温の限界 | 219 |
| 60 | 脱水と発汗の限界 | 223 |
| 61 | 熱中症 | 226 |
| 62 | 低体温の限界 | 230 |
| 63 | やけど | 233 |
| 64 | 食中毒 | 236 |
| 65 | 喫煙の許容限界 | 241 |

| | |
|---|---|
| 参考文献 | 245 |
| 索引 | 249 |

第 **1** 章

# 神経機能

# ▶01 見る力

## 30m離れた場所からの視力検査？

　視覚から得られる情報は、光、色、形、奥行き、動きなどであり、これらを言い換えるとそれぞれ光覚、色覚、形態視覚、立体視覚、運動視覚となります。目に光が入ってくると、眼球の後ろ側の内壁を覆う網膜にある、視細胞によって感受されます。視細胞には、網膜の周辺部に多く分布する桿体と、網膜中心部に多く分布する錐体という2種類があります。前者は暗所で機能する暗所視をつかさどり、後者は明るい場所で機能する明所視をつかさどります。

　次ページの上の図は、白い紙を照らしたときに対象物を識別できる限界を示したものです。照度は光源によって照らされている面の明るさの程度を示し、輝度は光源のまぶしさを示す光量で表されます。輝度の単位はカンデラ（$cd/m^2$）で、ろうそくの光が約$1cd/m^2$、晴天時の天頂にある太陽光は$1.6×10^9 cd/m^2$です。暗所で何も見えなくなる限界は$10^{-6} cd/m^2$、逆に明るすぎて目に障害を受ける限界は$10^7 cd/m^2$です。

　一般に行われている視力検査は、形態視覚の能力を測定しています。日本で行われている視力検査の指標はランドルト環です（次ページの下の図）。

　ランドルト環には1か所切れ目があって、切れ目の幅と目の中心が作る角度を視角と言います。視角は1°の角度を60等分した1分が単位であり、視力はこの視角の逆数で表されます。通常、視力検査はランドルト環から5m離れて行われます。ランドルト環の高さが7.5mm、文字の太さが1.5mm、切れ目が1.5mm

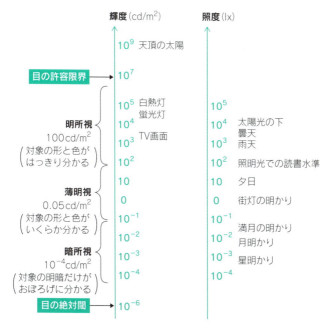

■ 輝度・照度と視覚の限界
出典:清水豊 2005 [1]

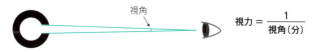

■ ランドルト環による視力検査方法

のとき、5m離れた場所では視角が1分に相当します。したがって、5m離れてこの文字の切れ目を確認できれば、視力は1.0となります。日本の視力検査でのランドルト環は0.1から始まって、2.0で終わっていることを知っている方もいると思います。これは日

本における視力測定方法の制限であって、日本人の視力の限界が2.0というわけではありません。

　一般に、大草原で暮らす民族は視力がよいことが指摘されています。大草原では家畜を猛獣などの危険から守るために、常に遠くを監視する必要があり、視力が自然に鍛えられたと考えられています。現在、分かっている範囲で最も視力がいい民族はマサイ族です。マサイ族の平均視力は3.0を超えていて、おそらくは3.0～8.0の範囲だろうと推測されています。日本のテレビで**視力12.0**のマサイ族を紹介した番組がありました。それが事実だとすると、この人の視力は人間の限界に近いのかもしれません。視力12.0というのは、ランドルト環の2.0用の小さな記号（直径3.75mm、すきま0.75mm）を、30m離れた地点からでも認識できることになります。

　ところで、最近は映像機器で**8K**という語が巷を賑わせています。8Kとは、画素（ピクセル）数が7680×4320であり、いわゆるフルハイビジョンと呼ばれている映像の16倍の高解像度を持つことになります。ピクセル数が多いほど鮮明な画像になりますが、当然画面の大きさに影響されます。大きい画面であればピクセルは大きくなるので、画質は粗くなってしまいます。したがって、鮮明な画面を得るには、ピクセル数だけではなく、ピクセル密度も考慮しなければなりません。

　**ピクセル密度**は、1インチ（2.54cm）あたりのピクセル数で表され、**ppi**（ピクセル/インチ）という単位で示されます。今後も工学技術の進歩に伴い、ピクセル密度の限界は伸びていくことでしょう。ところが人間の目の分解能力はそうはいきません。**人間の目が識別できる限界は300ppi**と考えられていて、これ以上の高い値になると見分けられなくなります。300ppiというのは、

約46cm（18インチ）離れていても人間の目で識別できる限界を超えているのです。

アップル社の「Retinaディスプレイ」という名称は、高画質なディスプレイであり、人間の網膜（retina）で識別できる限界を超えているということから命名されています。たとえば、iPhone 6の場合ピクセル密度は326ppiであり、これ以上密度が高くなっても人間の能力がついていけないのです。ところが、今後発売が予定されているスマートフォンには、ピクセル密度が500を超えたものもあるようです。人間の目の能力を高めて、ピクセル密度の高いスマートフォンの能力に対応する必要がありそうです。

## ▶02
## 聴く力

130dBを超える音は痛い

耳が音として認識しているのは、音による大気圧の圧力変化で、**音圧**と呼ばれています。音圧の単位は**パスカル（Pa）**です。健康な人の最小可聴音圧は20μPaです（μはマイクロと読み、100万分の1を意味します）。この音圧で音の大きさを表すと数字が大きくなるので、桁数を少なくして感覚的に分かりやすくなるよう考案されたのが**音圧レベル**です。音圧レベルの単位は**デシベル（dB）**で、この単位はよく耳にすると思います。

しかし、たとえば10dBの音と言われても、おそらくはどの程度の音なのか分からない人が多いでしょう。人間の聴力限界は0dBで、音圧で表すと20μPaということになります。10dBの音

は静かな息の大きさです。図書館の静けさは40dB、普通の会話の音は60dB、100dBは地下鉄やガード下での電車の騒音です（音圧では2百万μPa）。音圧レベルが**120dB**を超えると、耳は触覚感を受け、むず痒さや痛みなどの不快感が発生し、このあたりが**人間の耳の物理的許容限界**です。130dBを超えると、耳に対する痛覚刺激閾となります。

　低音、高音などの音の高さは、空気が1秒間に振動する回数で表されます。単位は**ヘルツ（Hz）**です。周波数が小さければ低い音、大きければ高い音になります。

　人間が聞き取ることができる周波数帯域は20〜20000Hzと言われています。人間ドックでの聴力検査では、主に1000Hz（低音域）と4000Hz（高音域）の聴力が調べられます。いずれの周波数においても、音圧レベルが30dB以下の音を認識できれば異常なし、35dB程度であれば要注意、40dB以上の音しか認識できなければ異常と判定されます。

　世界保健機関（WHO）による聴覚障害の基準では、25dB以下を聞き取ることができれば障害なし、1m離れていて普通の声（26〜40dB）を聞き取ることができれば軽度難聴、1m離れていて大きな声（41〜60dB）でしか聞き取ることができなければ中度難聴としています（図）。人間ドックの判定基準と考え合わせると、**40dBあたりまでの聴力が許容限界**でしょうか。

　現在、難聴で悩んでいる人は少なくありませんし、特別な聴覚障害がなくても、加齢とともに聴力は低下していきます。**聴覚障害**とは、音の情報を脳に送るためのいずれかの過程に障害があるために、音がまったく聞こえない（全聾）、あるいは聞こえにくい状態（難聴）のことです。

| | |
|---|---|
| **重度難聴**<br>（81dB 以上） | 怒鳴り声も聞き取れない |
| 80dB | |
| **高度難聴**<br>（61〜80dB） | よいほうの耳で、<br>怒鳴り声の単語をいくつか聞き取れる |
| 60dB | |
| **中度難聴**<br>（41〜60dB） | 1mの距離で、<br>大きな声の単語を聞き取れる |
| 40dB | |
| **軽度難聴**<br>（26〜40dB） | 1mの距離で、<br>普通の声の単語を聞き取れる |
| 25dB | |
| **障害なし**<br>（0〜25dB） | ささやき声を聞き取れる |
| 0dB | |

■ 世界保健機関による聴覚障害の等級（2008年）

　聴覚障害は、音がどの部位で聞こえなくなるかによって、伝音性難聴と感音性難聴に分けられます。**伝音性難聴**は、外耳や中耳の障害により空気振動が十分に伝わらないことが原因です。一方、**感音性難聴**は、内耳から聴神経にかけての部位に障害がある状態を指します。さらに、両者が同時に原因となる**混合性難聴**があります。聴覚障害の多くを占める感音性難聴の場合、音としては認識していても、言葉として正確に内容を聞き取ることが困難になります。

　加齢に伴う**老人性聴覚障害**は多くの人が経験します。この障害は感音性難聴に含まれ、内耳や聴神経だけでなく、鼓膜や耳小骨なども老化とともに機能が低下していきます。聴力の機能低下は個人差が大きいのですが、すでに18歳くらいから緩やかに進行していくと考えられています。そして、50歳を超えるあたりから聴力低下は加速します。女性は男性よりも聴力の低下は比

較的緩やかです（図）。

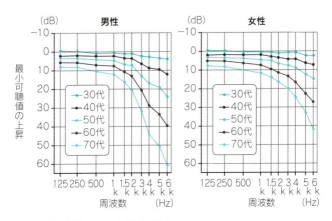

■ 20歳代を基準とした年代別の聴力レベル
出典：長友宗重ら 1992を参考に著者作成 [2]

　老人性聴覚障害の特徴は、まず高音域から始まり、周波数が高い女性や子どもの声が聞き取りにくくなってきます。しかし、中音域の音を聞き取ることができれば、高い周波数の音が聞こえなくても、日常生活に支障はありません。また、2000Hz以下の低音域では、高齢になっても中・高音域ほど聴力障害は起こりません。

　老人性聴覚障害になると、病院に行ってもほとんど治療されることはなく、補聴器の装着を勧められます。さらに、加齢現象の1つとして、耳鳴りも起こるようになります。常に鳴っている「ジー」という甲高い耳鳴りには耐えがたいものがあります。耳鳴りは内耳の血液循環の障害だとする説もありますが、原因についてはいまだ明らかにされていません。高齢になって聴力の限界を広げるには、現在のところ補聴器をつける以外に方法はないようです。

## ▶03

# 嗅ぐ力

**人間の嗅覚は最新の機器にも引けを取らない**

　におい物質が鼻腔の中に入ると、鼻腔上部の嗅粘膜にある粘液に溶け込みます。溶け込んだにおい物質は、**嗅細胞**の受容体と結合し、その情報が脳に送られてにおいの感覚が生じます。受容体の種類、すなわちにおいのセンサーは約1000種類あることが明らかにされています。視覚をつかさどる視細胞は、赤、青、緑の3種類の受容体しかないので、それと比べると嗅覚のセンサーの多さには驚かされます。

　人間の嗅細胞は1000万個ほどあるとされています。1つの嗅細胞には1種類のにおい受容体しかありませんが、この1種類で複数のにおい物質と結合することができます。したがって、1個の嗅細胞は複数のにおい物質に反応することができます。あるにおいに対して、興奮する嗅細胞は複数あるので、嗅細胞の組み合わせによって数多くのにおいを識別できるのです。

　におい物質が空気中に揮発し、その空気を吸って我々はにおいを感じています。においを感じ取ることができる、限界の値を**嗅覚閾値**と言います。嗅覚閾値には、検知閾値、認知閾値、および弁別閾値があります。**検知閾値**は何のにおいかはともかくとして、においを感知できる最小濃度、**認知閾値**は何のにおいかが分かる最小濃度、**弁別閾値**はにおいの強さを感覚的に識別できる最小濃度です。

　次ページの表には、におい成分と検知閾値濃度である空気中の濃度を示しています。悪臭と考えられるにおいは、かなり低い濃度であっても人間は感知できるようです。この濃度を半分に減

らしたとしても、人間が感じるにおいの強さは20％程度しか減りません。このように人間は嗅覚が発達しているおかげで、食物の腐敗臭に気づいて食中毒を防ぎ、ガスのにおいを感じてガス中毒を防ぐことができるのです。においを定量化できないという欠点はありますが、人間の嗅覚は最新の機器にも引けを取りません。

■ においと検知閾値

| 成分 | においのイメージ | 検知閾値（ppm※） |
|---|---|---|
| アンモニア | トイレ | 0.15 |
| 二硫化メチル | 腐ったキャベツ | 0.0022 |
| 硫化水素 | 腐った卵 | 0.00041 |
| イソ吉草酸 | 足の裏 | 0.000078 |
| トリメチルアミン | 腐った魚 | 0.000032 |
| ジェオスミン | 水のカビ臭 | 0.0000065 |
| スカトール | 糞 | 0.0000056 |

※ppm（ピーピーエム）とはparts per millionの略で、100万分のいくつであるかを示す。主に濃度を表すために使われる。1ppm = 0.0001％、10000ppm = 1％となる。
出典：岡田明 2005 [3] を参考に著者作成

　嗅細胞は非常に敏感です。しかし、同じにおいが長く続くと、そのにおいに慣れてしまい、においを感じなくなります。自分の体臭は気になりませんが、他人の発する体臭はとても臭く感じられます。他人の後にトイレに入ると耐えがたいにおいが鼻をつきますが、それも慣れてしまうと気にならなくなります。このように、同じにおいを嗅ぎ続けていると、嗅覚の感度が一時的に低下します。この現象を嗅覚疲労あるいは嗅覚順応と言います。そのメカニズムについては、まだ明らかにされていません。しかし、このような状態でも、他のにおいに対する嗅覚は低下しません。

　風邪などをひいて鼻が詰まってしまったときに、においを感じ

なくなった経験をした人も多いと思います。あるいは、女性であれば、妊娠中や月経時ににおいに敏感になったり、本来のにおいとは別のにおいを感じたことはないでしょうか。このように、においを正常に感じることができなくなることを嗅覚障害と言います。嗅覚障害の多くは嗅覚機能の低下です。嗅覚機能の低下は、においの伝達経路の障害部位によって、呼吸性嗅覚障害、末梢神経性嗅覚障害、および中枢神経性嗅覚障害に分けられています。このうち最も多いのが呼吸性嗅覚障害で、鼻づまり、アレルギー性鼻炎、慢性副鼻腔炎（蓄のう症）などによって、においの分子が嗅細胞まで到達できないことにより発症します。

　食べ物のおいしさを感じているのは、味覚だと思っている人は多いでしょう。しかし、鼻をつまんで食べると、どんなにおいしい食べ物でも、その味を感じることはできません。人間は食べ物のにおいを鼻からだけでなく、のどの奥からも感じることができるのです。のどの奥から鼻に抜けるにおいで、食べ物のおいしさを感じるのです。においが分からないと、味も分かりにくくなるため、嗅覚が障害を受けると、同時に味覚も障害を受けることになります。嗅覚はおいしく食べることに、とても貢献しているのです。嗅覚は女性が男性より優れていると言われています。となると、食通は女性のほうが多いのかもしれません。

　嗅覚は加齢の影響をあまり受けません。しかし最近の研究では、中枢神経性嗅覚障害と、アルツハイマー病やパーキンソン病などの神経疾患との関連が注目されています。アルツハイマー病では、嗅覚障害は主症状が発現する前に現れます。パーキンソン病では、嗅覚障害を伴っていると、将来認知障害が発症する可能性が高いことが報告されています。においの感覚がなくなったことを甘く見ず、早期に原因を明らかにして対応したほうがいいでしょう。

# ▶04 味の認識力

**男性は、老化に伴い味覚が落ちる**

　人間が味覚として感じることのできる化学物質を、**味物質**と言います。人間は味物質を、舌、のど、上あごに存在する**味細胞**で検知しています。味の情報は、舌咽神経などの感覚神経を介して、延髄、視床を経て大脳皮質味覚野へと送られます。味細胞は、支持細胞や基底細胞とともに**味蕾**として、乳頭内に存在しています。舌の表面には、さらざらした小さな突起が多数存在しますが、これが乳頭です。1つの味蕾の中には50〜100個の味細胞が存在します。味細胞は、熱や物理的な刺激によって損傷しやすく、10日あまりで死滅し、基底細胞が分化した新しい味細胞に置き換わります。

　味覚には、**甘味**、**酸味**、**塩味**、**苦味**、および**うま味**の5つの基本味があります。従来は、うま味を除いた4基本味でしたが、うま味はこれらの基本味で説明できないため、新たに5番目の味覚として認められました。言うまでもなく、うま味は昆布や鰹節から取られる日本料理の基本的な味です。世界的には日本語のウマミ umami（savory taste）がそのまま使われています。

　年配の方は、理科の教科書に、舌の部位によって感知する味覚が異なると書いてあったことを覚えているかもしれません。たとえば、舌の奥は苦み、舌先は甘味というように分担があるという説です。しかし、今ではこの説は否定されています。多くの味細胞は、どの部位にあっても、単一の味だけに反応するわけではなく、**複数の味に反応する**のです。

　味の識別については2つの説があります。1つは、ある物質に対

して強く応答する味細胞とあまり応答しない味細胞というパターンによって、中枢で味質が認識されるという説です。もう1つは、味細胞からの神経線維が特定の味情報のみを中枢に伝達することにより、味が識別されるという説です。現在ではこの2つのメカニズムを併用することによって、味が認識されると考えられています。

味覚の閾値は、味覚感度を示す指標として使われています。味覚の閾値には、どんな味質か分からないが、とにかく味があることを判断できる**検知閾値**と、どんな味質かまではっきりと区別できる**認知閾値**があります。人間の味覚閾値を測定する方法としては、客観的な測定ではなく、人間自身が評価する官能検査が行われます。人間の味覚閾値は、味細胞だけの感受性を見るのではなく、中枢神経系によって統合された感受性と考えられます。

次ページの表には、代表的な味物質に対する味覚の検知閾値を、若年層の男性を1としてその相対値で示しています。値が大きいほど閾値が高く、感受性が低下していることを示しています。概して、女性のほうが閾値は低く、味に対する感受性が高いようです。特に、高齢層になると、男性の感受性は若年層よりも大幅に低下しますが、女性はそれほどの低下は認められません。鰹節のうま味成分であるイノシン酸ナトリウムの感受性は、若年層では男性が女性より高いのですが、高齢層では女性のほうがはるかに高くなっています。

この表は、オランダで行われた研究結果で、被験者はすべて白人です。巷では、日本人の味覚は繊細であり、味蕾の数が多いのがその原因である、というような話もされているようです。しかし、日本人は味蕾の数が多いという研究結果もなければ、日本人の味覚閾値が低いという証拠も見当たりません。

1

神経機能

■ 若年男性を1とした場合の味覚検知閾値

| 味質 | 味物質 | 若年層（19〜33歳） | | 高齢層（60〜75歳） | |
|---|---|---|---|---|---|
| | | 男性 | 女性 | 男性 | 女性 |
| 塩味 | 塩化ナトリウム | 1 | 1.13 | 2.83 | 1.56 |
| 甘味 | ショ糖 | 1 | 0.75 | 1.56 | 0.87 |
| 酸味 | 酢酸 | 1 | 0.64 | 1.33 | 0.67 |
| 苦味 | カフェイン | 1 | 0.73 | 1.67 | 1.10 |
| うま味 | イノシン酸ナトリウム | 1 | 1.87 | 7.80 | 3.70 |

出典：Mojet, J. et al. 2003 [4]

　加齢に伴い、乳頭の数が減少することは昔から知られていました。高齢者では味覚の閾値の低下があるので、乳頭数の減少と関係があることが示唆されています。また、唾液は味覚の感受性維持に重要な働きをしています。高齢者では唾液の分泌量が低下しており、高齢者の感受性低下に関係していると考えられています。

　栄養状態も味覚に影響を及ぼします。味細胞の感受性に影響する栄養素は亜鉛です。身体に含まれる亜鉛の量は少ないのですが、広く細胞全体に存在し、細胞の活動には欠かせない物質です。亜鉛が不足することによって、味細胞が再生されず、味覚障害が起こるのです。

　食べ物を味わうことは、人間の生きがいの1つです。そのためにも味覚の能力は落としたくないものです。味覚障害の原因は、加齢や亜鉛不足だけでなく、薬剤、嗅覚障害、ストレス、口内疾患、全身疾患など多様です。生きがいを失わないためにも、味を認識できなければ専門医に相談するのが、味覚の限界を広げる方策でしょう。

# ▶05

## サーカディアンリズム

### 地球の自転に従った自然な生活リズム

地球の自転に伴う昼夜変化は、生体機能に大きく影響する環境因子です。地球上の動植物のほとんどは、この24時間の昼夜変化に同調して生活しています。人間も、昼夜変化に伴う行動だけでなく、体温、ホルモン分泌、神経活動などほとんどの生理機能が24時間リズムを呈しています（図）。動物では夜行性も少なくありませんが、人間の場合は生理学的には昼間に活動し、夜間に休むという昼行性の身体になっています。

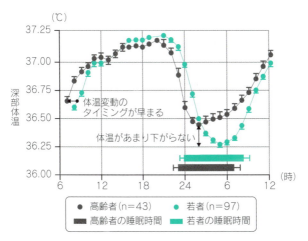

■ 体温のサーカディアンリズム
出典：Duffy, J.F. et al. 1998 [5]

この24時間リズムのことを**サーカディアンリズム**（circadian rhythm）と言います。circadianはラテン語から作られた言葉で、

circa ＝ about（約）と dian ＝ day（日）を意味し、「約1日のリズム」ということになります。日本語では、概日リズムと訳されていますが、最近ではサーカディアンリズムとカタカナ表記が多くなりました。人間のリズムはきちんとした24時間周期ではなく、多少周期がずれていることが多いので、「サーカ（約）」という言葉がついているのです。一般的にはサーカディアンリズムは24時間±4時間の周期を指します。

サーカディアンリズムをコントロールしている動物の体内機構を体内時計と言います。哺乳動物では、体内時計は視床下部にある視交叉上核という小さな左右1対の神経核です。人間の体内時計も視交叉上核が、その役割の中心だと考えられています。

人間の体内時計は、正確には何時間の周期で制御されているのかという研究は古くからなされています。人間の体内時計の周期を探るために、自然の明暗変化や社会的な雑音など、考えられるあらゆる環境の昼夜変化から隔絶した洞窟や人工的な隔離空間で、人間を勝手気ままに生活させるという研究が数多くなされました。寝たいときに寝て、いつ起きてもよく、食べたいときに食事をするのです。生活環境はとても快適になるように設定されています。ただ1つ与えられていないのは、時計などの時間が分かる機器です。時刻が分からない部屋で、何週間にもわたって1人で生活させ、就寝・起床時間などの行動リズム、深部体温、ホルモン、循環機能などの生理リズムを測定するのです。

これまでの多くの実験で共通している結果は、時間の手がかりのない環境では、睡眠と覚醒のリズムが1日1〜2時間ずつ遅れていくことでした。1日を24時間ではなく、25時間から26時間として生活していたのです。自由なリズムで生活しているという意味から、この周期をフリーランニングリズム（free running rhythm）と言います。人間では、フリーランニングリズムが短い人は観察されておらず、平均は約25時間と、24時間より1時間長くなっています。人間の体内リズムはもともと25時間周期であって、それを地球の自転である24時間周期に合わせて生活しているということになります。ただし、睡眠と覚醒のリズムに同調しない生理機能も見つかっていて、人間には、視交叉上核が制御している体内時計が複数個あると考えられています。

　明暗周期を強制的に短く、あるいは長くして、それに人間は同調できるかという研究も行われてきました。サーカディアンリズムより周期の短いリズムを**ウルトラディアンリズム**（ultradian rhythm）、長いリズムを**インフラディアンリズム**（infradian rhythm）と言います。24時間リズムに適応した人間が、このようなリズムに適応できるかという、言わばサーカディアンリズムの適応限界に関する研究が行われました。

　人間の睡眠覚醒リズムは1日18時間リズムにはどうにか同調できます。しかし、18時間以下に短縮されると完全に同調することはできなくなり、ウルトラディアンリズムの発現は難しくなります。一方、1日を27時間と長くした場合、睡眠覚醒リズムは保つことができたという報告があります。1日が18時間から27時間のあいだであれば、人間の行動リズムは適応することができるようです。しかし、1日を18時間から27時間として、何年もの長期にわたって生活できるかとなると大いに疑問が残ります。このようなデータはあくまで実験室の10日から数週間の観察記録だからです。また、これらの時間に睡眠と覚醒のリズムを同調させることはできても、すべての生理的機能が同じリズムに同調しているわけではありません。特に深部体温は頑固に24時間リズムを保っています。

サーカディアンリズムが崩れると生体にさまざまな障害が出てきます(次の、時差ぼけと交代制勤務の項を参照)。**地球に逆らって生活リズムを営むことには、無理の限界がある**ようです。サーカディアンリズムに忠実に従った生活を送ることが重要です。

## ▶06 時差ぼけと交替制勤務

時差ぼけを起こさない限界は時差1.5時間

海外旅行のときに経験する心身の不調の1つに、**時差症候群**があります。これは**時差ぼけ**とも呼ばれているもので、程度の差はありますが、ほとんどの人に一過性の症状が起こります。症状は疲労、頭痛、睡眠障害、作業能力低下、胃腸障害などです。時差ぼけは、到着地の時計が指している針と、体内時計の針の位置とに食い違いがあるために起こる現象です。時差ぼけを起こさないようにするには、この2つの時計に差が生じないようにすればいいのです。しかし、海外旅行のときには高速のジェット機で移動するので、体内時計と現地時間には必ず時差が発生します。

航空機のない時代には、海外旅行は船によるのんびりとした旅行だったので、時差ぼけは存在しなかったはずです。1日の旅行によって生じる時差が30分以下であれば、体内時計は環境の時間に問題なく合わせることができます。しかし、ジェット機での移動となると、時差が11時間もある地球の反対側のニューヨークさえも、成田空港から13時間程度で到着します。このような場合、体内時計は環境の時間に合わせることができず、時差ぼけ

が起こるのです。

時差ぼけを起こさないような移動速度の限界は1日30分の時差ですが、それでは出発地と到着地において何時間の時差があれば、時差ぼけは起こるのでしょうか？ 台湾と日本の時差は1時間です。台湾に旅行したことがある方はお分かりと思いますが、時差ぼけは起こりません。それでは、ベトナム、ラオス、タイなどへ旅行したらどうでしょうか？ これらの国と日本の時差は2時間です。ベトナムあるいはタイなどに旅行に行って、時差ぼけを経験した人もいれば、経験しなかった人もいるかもしれません。これまでの研究結果は、時差が1.5時間以内であれば、時差ぼけは起こらないことを示しています。しかし、時差が2時間となると、時差ぼけを訴える人が出てきます。**時差1.5時間は時差ぼけを起こさない限界時間**なのです。

日常生活の中で体内時計を乱す原因となるのは、交替制勤務などで夜間に仕事や作業をする場合です。人間の身体は、昼間は交感神経系が優勢で身体活動に適し、夜間は副交感神経系が優勢で睡眠に適しているようにできています。したがって、交替制勤務では本来休むべき時間帯に身体を動かすことになるので、疲労、睡眠不足、作業能力の低下、食欲不振などの症状が現れます。

交替制勤務と時差ぼけの生体への影響は、同じ体内時計の乱れが原因なので、出てくる症状は類似しています。大きな違いは症状の持続です。時差ぼけは長くても7〜10日で解消しますが、交替制勤務の場合は、初期に観察された症状が、交替制勤務が続く期間継続します。交替制勤務の期間中の症状の回復は容易ではありません。さらに、交替制勤務では、2交替制、3交替制などがあるうえに、夜勤、準夜勤、日勤などのシフトもあります。1

**1**

神経機能

回の勤務時間の長さが変動したり、勤務開始時間が小刻みに変動すると、体内時計がこのような勤務体制に同調するのは極めて困難なのです。

交替制勤務によって体調不良が起こる最大の原因は、何と言っても十分な睡眠時間がとれないことです。図は実験室（左図）と交替制勤務者に対するアンケート調査（右図）によって、入眠時刻と睡眠時間の関係を見たものです。入眠時間が8:00から18:00にかけては、睡眠時間が短いことが分かります。特に、15:00前後では、2時間程度しか眠れないのです。睡眠時間には、体内時計だけでなく、社会的環境要因も大きく影響することを示しています。

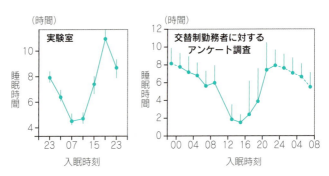

■ 入眠時間と睡眠時間の関係
出典：Akerstedt and Gillberg 1981 [6]（左図）、Knault and Rutenfranz 1982 [7]（右図）

交替制のやり方によっても、睡眠時間は大きく異なります。24時間ごとに交替したり、2組2交替制で深夜勤務を固定すると、1日あたりの睡眠不足は200分を超えるとされています。一方、4組3交替制として交替周期を短くすると、睡眠不足は少なくなり、100分を切る場合もあります。体内時計の狂いを少なくするとい

う観点からすると、4組3交替制で1回のシフトの勤務時間を短くしたほうがいいようです。

# ▶07 心拍数の限界

最大心拍数＝220－年齢

　**心拍数**は、心臓が全身に血液を送り出すために収縮する回数(拍動数)で、単位は**拍/分**です。心臓が収縮すると動脈に圧力がかかり、脈が生まれます。この脈の数が**脈拍数**です。通常、脈は手首の親指の付け根あたりを走行している橈骨動脈でとります。

　基本的には心拍数と脈拍数は対応しています。しかし、心臓が拡張する時間が何らかの理由で短くなって、心臓に流入する血液量が少なくなる場合は、心臓から出ていく血液量も少なくなり、脈がとれないときがあります。たとえば、期外収縮などの不整脈や150拍/分以上という高度の頻脈などの場合です。このとき、動脈にかかる圧力は減少するので脈は小さくなり、動脈の触診ではすべての拍動を感知できなくなります。脈を感じることができなくても心臓は収縮しているので、心拍数よりも脈拍数は少ないことになります。

　心拍数は心臓神経と呼ばれている交感神経と副交感(迷走)神経によって調節されています。交感神経活動が亢進すると、心拍数が増加し、心臓の収縮力も増加します。興奮したときや運動をしたときは心拍数が増加しますが、それは交感神経活動が亢進したためです。一方、副交感神経が亢進すると、心拍数減少、心

臓の収縮力減少など、交感神経とは逆の作用がもたらされます。

心臓は絶え間なく収縮を続けています。成人男性の場合、夜間は心拍数などの心機能も低下しますが、起きているときの椅坐位安静であれば、心拍数は約70拍/分、心臓が1回収縮するときに送り出す血液量（**1回拍出量**）は約80mLです。これを1日に換算すると、拍動数は70拍/分×60分×24時間＝10万800拍、送り出す血液量は8トンにもなるのです。1年では3600万拍、2880トンです。心臓は疲労することなく、ものすごい作業を日々こなしているのです。

心臓の筋肉は、基本的には骨格筋と同じ構造をしている横紋筋です。運動をすると骨格筋は疲労し、長く運動をすることはできません。しかし、心臓が疲労を起こして休んでしまったら、生命を維持できなくなります。心臓の筋肉は疲労を起こすわけにはいきません。心臓が疲労しないで収縮を続けることができるのは、筋収縮のエネルギーである**アデノシン三リン酸**（adenosine triphosphate、**ATP**）を供給する個々のミトコンドリアが大きく、しかも大量に存在しているからなのです。さらに、酸素と親和性が高いミオグロビン（血液のヘモグロビンと類似）も大量にあり、心臓の筋肉は有酸素能力に優れています。

運動をすると、心臓から駆出される血液量（**心拍出量**）は増加します。心拍出量の増加には、心拍数と1回拍出量の増加で対応します。しかし、心臓の大きさには限界があるので、1回拍出量はあるレベルになると、それ以上増加することはできません（図）。一方、心拍数は運動強度の増加に伴い、ほぼ直線的に増加していきます。

成人の安静時心拍数は60〜80拍/分です。これが100拍/分以上になると**頻脈**、60拍/分未満になると**徐脈**と言います。ただし、

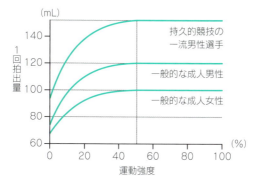

■ 運動強度と1回拍出量の関係
出典:菊池和夫 1994を参考に著者作成 [8]

　運動選手の安静時心拍数は一般人よりも低くなります。陸上競技や水泳競技など、特に持久的な運動をしている人は、安静時心拍数が50拍/分以下を示す人も少なくありません。運動トレーニングによる、安静時の副交感神経活動亢進と交感神経活動低下、またいわゆるスポーツ心臓による心臓の収縮力増強と、心筋の肥大による1回拍出量の増加などがその理由です。一般成人男性の安静時1回拍出量は80mL程度ですが、持久的な運動選手では110～120mLと約1.5倍にもなります。

　もうこれ以上身体を動かすことができないという、極限まで激しい運動をしたときの心拍数を、**最大心拍数**(あるいは**最高心拍数**)と言います。最大心拍数には性差やトレーニングの有無などの影響は小さいと考えられています。ただし、年齢の影響は大きく、年齢を考慮した推定式がいくつか考案されています。一般には**最大心拍数＝220－年齢**という簡単な式が使われています。もちろん大まかな数字となりますが、この式から自分の心拍数の限界を知ることはできます。

## ▶08

# 高血圧

塩分ゼロなら、血圧は約10mmHg下がる

　厚生労働省の2014年の調査によると、我が国において継続的に高血圧治療を受けている患者数は約1010万人と推定されています。一方、継続的な治療という条件をつけなければ、高血圧の患者数は日本の成人の約30%である約3500万人という報告や、4300万人とする報告などがあります。調査結果に大きな差がありますが、いずれにしても、驚くほど多くの日本国民が高血圧に悩んでいるのです。

　心臓が収縮したときの血圧を**収縮期血圧**、拡張したときの血圧を**拡張期血圧**と言いますが、厚生労働省の2014年の調査によると、日本人の収縮期血圧の平均は、男性135.3mmHg、女性128.7mmHgとなっています。また、収縮期血圧が140mmHgを超える者の割合は、男性36.2%、女性26.8%でした。いずれの値もこの10年間で見ると、男女ともに有意に低下しています。低下傾向にあるのですが、それでも現在では日本人の3人から4人に1人は高血圧患者です。

　血圧は座位で測定され、それを評価するために診察室血圧と家庭血圧が用いられます。**診察室血圧**というのは病院で測定された血圧で、病院では緊張するために血圧は高くなります。**家庭血圧**はその名が示す通り、自宅で測定された血圧です。起床後1時間以内に排尿を済ませた食前と就寝前にそれぞれ2回測定し、その平均値が家庭血圧です。通常であれば、診察室血圧は家庭血圧より、収縮期血圧および拡張期血圧とも約5mmHg高めに出るとされています。

高血圧と判定されるのは、収縮期血圧140mmHg、拡張期血圧90mmHgであり、一方あるいは両方がこの値を上回っていれば高血圧と判断されます。ただし、家庭血圧が、収縮期血圧135mmHg、拡張期血圧85mmHg未満であっても、白衣を着た医師や看護師の前で測る診察室血圧が、高血圧の判定基準を超える場合があります。これは白衣高血圧と呼ばれています。この場合、直ちに高血圧治療を行う必要はないとされています。しかし、将来的には高血圧になる可能性が高いので、塩分(P.187)を控えるなど、生活習慣等に気をつけるべきだとされています。

逆に、家庭血圧が高血圧で、診察室血圧が高血圧でない場合もあります。これは仮面高血圧あるいは逆白衣高血圧と呼ばれています。白衣高血圧と違って、仮面高血圧は心臓血管系の病気になる危険性が高く、治療が必要な場合もあります。仮面高血圧は、仕事や家庭などで精神的ストレス(P.102)を抱えていたり、喫煙本数(P.241)が多い人などに起こりやすいとされています。

健康を維持するための血圧の許容限界は、**家庭血圧であれば収縮期血圧135mmHg、拡張期血圧85mmHg、診察室血圧であれば収縮期血圧140mmHg、拡張期血圧90mmHg**ということになります。収縮期および拡張期血圧とも、これらの値を超えないように注意すべきでしょう。次ページの図は、血圧と脳卒中死亡率との関係を年齢別に見たものです。ここからも、血圧を抑える必要が見て取れます。また、糖尿病や腎臓病を患っている人は、家庭内血圧では収縮期血圧125mmHg、拡張期血圧75mmHg未満とされているので、いっそうの注意が必要です。

我が国において、血圧や高血圧患者数が減少している1つの要因は、塩分摂取の低下と考えられています。一般に、1日の塩分摂取量を1g少なくすると、血圧が1mmHg下がるとされています。

日本人は世界でも有数の塩分摂取過多国民です。日本人の塩分摂取量は男性11.1g、女性9.4gなので(厚生労働省、2013年)、塩分をまったく摂らないようにすると、男女とも約10mmHg、血圧を下げることができることになります。

世界を眺めると、実際に塩を使わない民族がいます。それはブラジルとベネズエラの国境付近のアマゾンに住んでいるヤノマミ族です。文明社会では加齢に伴う血圧上昇は当然であって、これは生理的現象であると考える人もいます。しかし、塩分を摂取しないヤノマミ族は、年をとっても血圧の変化はないのです。一般に、西洋文明と接しないで、伝統的な生活を送っている民族は塩分摂取量が少なく、血圧も低いことが知られています。高血圧をもたらす塩分の作用機序についてはいまだに明らかにされていませんが、高血圧を避けるためには、塩分は可能な限り控えるべきでしょう(次ページの表を参照)。

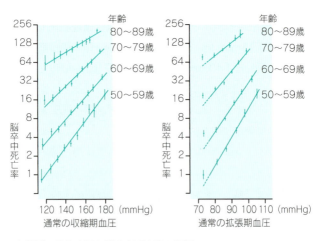

■ 年齢別に見た血圧と脳卒中死亡率の関係
出典:Lewington, S. et al. 2002を参考に著者作成 [9]

## ■ 高血圧にならないための注意点

| 食塩 | 1日6g未満に制限する |
|---|---|
| 食事 | 野菜・果物を積極的に摂取する※。コレステロールや飽和脂肪酸の摂取を控える |
| 体重 | BMI＝体重(kg)÷身長(m)$^2$ が25を超えないように、適正体重を維持する |
| 運動療法 | 有酸素運動を定期的に行う。1日30分以上が目標。ただし、心血管病のない高血圧者が対象 |
| アルコール | エタノールの摂取量を男性は1日20〜30mL以下、女性は1日10〜20mL以下に抑える |
| たばこ | 禁煙する |

※ 野菜・果物の積極的摂取は、重篤な腎障害を伴う患者では、高カリウム血症をきたす可能性があるので推奨されない。また、果物の積極的摂取は摂取カロリーの増加につながることがあるので、糖尿病患者では推奨されない。
出典：日本高血圧学会 2004 [10]

## ▶09 排尿

### 我慢の限界は300〜400mL

　腎臓で作られた尿は、尿管を通って膀胱に送られます。膀胱にある程度尿が溜まると、内・外尿道括約筋が弛緩し、排尿筋（膀胱平滑筋）が収縮して、排尿が起こります。トイレに行こうと思う初発尿意は、膀胱に尿が150〜250mL溜まったときです。250mLを超えると強い尿意が生じます。一般的には、200mLあたりで排尿するようです。何らかの事情でトイレに行けなくて、我慢して蓄尿できるのは300〜400mLとされています。

　正常な人の1日の排尿量は1000〜1500mLであり、1日3000mLを超えると多尿と言います。逆に、1日400mLと少なくなる

と乏尿、100mL以下を無尿と言います。1回200mLを排尿する
として、1日の標準的な排尿量から回数を計算すると、5〜8回/
日となりますが、通常は4〜6回/日程度です。排尿回数が1日8
回を超えると頻尿と言います。ただし、コーヒー、茶、ビールな
ど、利尿作用がある飲み物を摂取すると、排尿回数は多くなり
ます。また、個人差が大きいので、8回を超えても異常とは限り
ません。

　頻尿の原因で最も多いのは、過活動膀胱と呼ばれている病気で、
全国で800万人以上の患者がいると考えられています。40歳以上
では8人に1人の罹患率です。過活動膀胱は、膀胱が過敏になり、
自分の意思とは関係なく排尿筋が収縮する病気です。その結果、
トイレに行く回数が増え、急に強い尿意を感じたり（尿意切迫感）、
尿を漏らしてしまう（切迫性尿失禁）などの症状が出ます。原因
としては、脳卒中などの神経系の障害（神経因性）、加齢など（非
神経因性）がありますが、原因が特定できない場合も少なくあり
ません。

　頻尿で悩んでいる人はたくさんいます。次ページの図は、2016
年の厚生労働省による、頻尿の有訴者数に関する調査結果です。
頻尿の有訴者数は、年齢とともに指数関数的な増加を示してい
ます。60歳を過ぎると、男女とも有訴率は急激に増加しており、
特に男性の増加率が顕著です。

　残尿感も頻尿の原因の1つです。排尿後、膀胱内に残っている
尿を残尿と言い、正常であれば約10mLです。残尿感を覚える
人は少なくないのですが、実際には残尿があると感じるだけで、
正常な排尿が行われていることが多いようです。男性の場合は、
前立腺肥大によって、残尿が発生します。前立腺は、膀胱直下
の尿道を取り囲んでいます。したがって、前立腺が肥大すると、

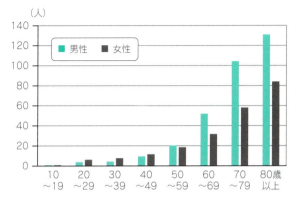

■ 頻尿有訴者数（1000人あたり）
出典：厚生労働省 2015をもとに著者作図 [11]

尿道を圧迫することになり、尿を出し切っていないという残尿感だけでなく、残尿が実際に発生することがあります。前立腺肥大は、60歳代で60％、70歳代で80％、80歳代で90％と、とても高い確率で認められます。そのため、男性は女性よりも頻尿の訴えが多いのです。

　夜中に排尿のために目覚めると、睡眠不足となり、翌日頭がすっきりしないなど日常生活にも影響します。就寝中の排尿回数が、40歳代では1回以上、50歳以上では2回以上あると**夜間頻尿**と言います。夜間頻尿の原因は、夜間多尿、膀胱容量低下、および睡眠障害に分けられています。**夜間多尿**は、寝る前の水分過剰摂取も影響しますが、高血圧症、心疾患、糖尿病、睡眠時無呼吸症候群などの疾患が原因の場合もあります。また、**膀胱容量低下**は、過活動膀胱や高血圧、また男性であれば前立腺肥大症、女性であれば子宮筋腫が原因で発生します。

　加齢に伴い**睡眠障害**の訴えも多くなり、就寝中に目覚める原

因が睡眠障害にあるのか夜間頻尿にあるのか分からないこともあります。しかしいずれの場合も、翌日の生活に影響を及ぼします。

夜間頻尿がある高齢者の死亡率は、そうでない人の2倍も高いという研究結果もあります。病気が原因の夜間頻尿であれば、当然病院で治療しなければなりません。

病気がなければ、まず規則正しい生活を送って睡眠対策をし、夜中に目覚めてもトイレに行かないで、我慢して尿が溜まるのを待つことも大事だとされています。そのためには、昼間から尿意を感じてもすぐにはトイレに行かず、膀胱に200mL程度溜まるまで待つ訓練も必要です。

## ▶10 排便

**便秘は大腸がんの原因にもなりうる**

消化・吸収されなかった食物物質が、糞便として体外に排出されるまで30〜120時間かかると言われています。また、口から肛門までの消化管距離は、実に9〜10mにも及びます。この間、食べ物はまず口で咀嚼され、胃では胃液、十二指腸では胆汁や膵液が加わることによって消化・分解されます。分解された栄養物は、小腸で吸収され、さらに大腸では水分が吸収されて粥状から固形物となり、腸内細菌とともに糞便が形成されます。

S状結腸から直腸に糞便が送られると直腸内圧が高まり、この信号が大脳へ送られることによって便意を感じます。また、同時に直腸の蠕動運動と肛門括約筋の弛緩が起こります(**排便反射**)。

この反射に、意思による排便動作が加わって排便が行われます。直腸に糞便が送られても排便に至らなければ、直腸が弛緩することによって内圧が低くなり、便意はなくなります。

排便は1日に1回はあるべきだと考えている人が少なくありません。しかし、**排便は1日2回から週3回であれば普通**であるという指摘もあります。また、本人にとって、腹痛や腹部膨満感といった苦痛や不快などの自覚症状がなければ、排便の回数が少なくても特に問題はないと考えられています。一般には、国際消化器学会の基準を参考として、3日以上便が出なかったり、1週間に2回以下の排便であれば便秘と言われています。

次の図は、厚生労働省（2016年）が調査した便秘の有訴率を、年齢階級別に示しています。便秘を訴える人は、80歳以上を除いて女性の割合が高くなっています。女性は10歳代から男性の数倍の有訴率となっていて、若いときから便秘に悩んでいることが分かります。また、60歳代からは男女とも便秘の有訴率が、加齢とともに急激に増加しています。

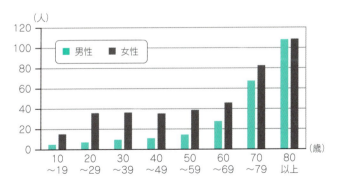

■ 便秘の有訴者数（1000人あたり）
出典：厚生労働省 2015をもとに著者作図 [11]

便秘は大きく器質性便秘と機能性便秘の2つに分類されます。

❑ **器質性便秘**は、腸の先天異常、大腸がん、手術後の腸の癒着、大腸の炎症などのように、腸に異常があったり、腫瘍などによって腸管が狭くなって起こる便秘です。

❑ **機能性便秘**は腸の働きに起因するもので、ほとんどの便秘はこれにあたります。

さらに、機能性便秘は次の4つに分類されます。

❑ 大腸の便を送り出す力が弱まった**弛緩性便秘**
❑ ストレスなどが誘因となる、副交感神経系の緊張による**痙攣性便秘**
❑ 直腸の感受性が低下した**直腸性便秘**
❑ 食物繊維や食事の量が少なくなることによって起こる**食事性便秘**

便秘が続くと、腸内にある悪玉菌の作用によって、インドール、スカトール、ニトロソアミンなどの有害物質が生成されます。便秘のときのおならが特に悪臭を放つのは、これらの有害物質が多く生成されるからです。また、これら有害物質の中には、発がん性物質が含まれていることが確認されています。大腸がんができやすい部位は直腸とS状結腸です。便秘になると、直腸とS状結腸には便が長くとどまることになり、結果として発がん性物質に長時間さらされます。現在、大腸がんは急増しており、女性ではがん死亡原因の第1位となっています。

次の図は、下痢の有訴率を、年齢階級別に示しています（厚生

労働省、2016年)。下痢の有訴率は便秘ほど高くなく、便秘ほどには困っていないようです。下痢の有訴率は、便秘ほど一定した傾向は認められませんが、60歳代を過ぎると男女とも加齢に伴い増加し、男性のほうが有訴率は高くなっています。

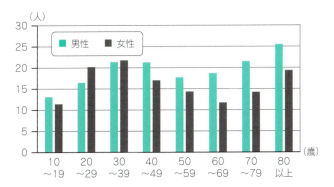

■ 下痢の有訴者数 (1000人あたり)
出典:厚生労働省 2015をもとに著者作図 [11]

通勤中や会議中など、ところかまわず強烈な腹痛を伴った下痢に襲われたことがある人は少なくないと思います。これらの多くは、**過敏性腸症候群**と呼ばれている腸の機能異常です。主な原因はストレスで、不安感の強い人、神経質な人、完璧主義者などに多く発症します。症状は、腹痛、下痢、便秘などですが、全体の8〜9割を占めるのは下痢です。

女性の便秘の原因もストレスによるものが多いとされています。排便障害をなくすには、栄養バランスのとれた食事、十分な睡眠など規則正しい生活、そしてストレス解消のための時間を持つことが大事なのでしょう。**週に3回の排便**、これが健康のための許容限界です。

## ▶11

# 男性の更年期障害

### テストステロンの減少がさまざまな症状を引き起こす

　更年期障害は、女性だけに観察される体調の変化と思っている人は少なくないと思います。ところが、男性にも更年期障害があり、**加齢男性性腺機能低下症候群**（**LOH症候群**、late-onset hypogonadism syndrome）と呼ばれています。女性の更年期障害とは違って、男性の場合には発症時期が一定せず、いろいろな症状が出て複雑であり、また疫学的な実態が明確ではありません。そのため、男性の加齢に伴う諸症状は、一般的な加齢現象に過ぎないと考えられていました。

　しかし、男性に生じる加齢に伴う症状の中には、主に男性ホルモン（アンドロゲン）の1つである**テストステロン**の減少に起因する疾患が多いことが明らかにされてきました。このことから従来は、加齢に伴う男性ホルモンの減少による症候群として**PADAM**（partial androgen decline in the aging male）という言葉が使われていました。ところが、40歳代以降の男性の特徴として、男性ホルモンの加齢性低下に加えて、職場や家庭でのストレスによる障害、加齢に伴う身体的な衰えによる障害なども認められることから、PADAMは適語ではないと考えられるようになりました。

　男性の更年期障害は、男性ホルモンの低下だけでは説明できないので、LOH症候群という病名が採用されています。LOH症候群は、一般には**男性更年期障害**とも呼ばれ、男性のQOL（生活の質、quality of life）をも脅かす、男性の健康にとってはとても重大な疾患なのです。

男性では、テストステロンの大部分は睾丸（精巣）で作られ、一部は副腎で作られます。テストステロンの分泌は、20歳代で最大となり、その後は加齢とともに年1〜2%の割合で減少していきます。この減少率の個人差はかなり大きく、したがって発症の時期も、女性と違って明確な一定の傾向がつかめないのです。

　テストステロンは、思春期を迎えたときに、いわゆる男らしさを形成する第二次性徴に不可欠です。また、成人してからも、精子の形成、筋肉の発達、造血作用、性欲の亢進、活力の高揚などの身体的機能だけでなく、集中力、記憶力、判断力などの高次精神機能にも影響します。テストステロンの分泌が少なくなると、これらの機能が低下していき、次の表に示すLOH症候群の症状や兆候が現れます。

### ■ LOH症候群の症状および兆候

1. リビドー（性欲）と勃起能の質と頻度、とりわけ夜間睡眠時勃起の減退
2. 知的活動、認知力、見当識の低下および疲労感、抑うつ、短気などに伴う気分変調
3. 睡眠障害
4. 筋容量と筋力低下による除脂肪体重の減少
5. 内臓脂肪の増加
6. 体毛と皮膚の変化
7. 骨減少症と骨粗しょう症に伴う骨塩量（骨に含まれるミネラル成分の量）の低下と骨折のリスク増加

出典：日本泌尿器科学会・日本Men's Health医学会 2007 [12]

　テストステロンの分泌メカニズムは複雑です。脳には自律機能を調整している視床下部というものがあります。まず、この視床下部から性腺刺激ホルモン放出ホルモンと副腎皮質刺激ホルモン放出ホルモンが分泌され、脳下垂体を刺激します。脳下垂体はさ

まざまなホルモン分泌を調節している脳組織です。脳下垂体からは性腺刺激ホルモンと副腎皮質刺激ホルモンが分泌されます。前者は精巣に、後者は副腎に作用し、テストステロンを分泌させます。

LOH症候群の診断ではこれらの性腺機能を評価しなければなりませんが、その中心は血中のテストステロンです。テストステロンが低下して、身体機能に影響するようになると、ホルモン補充（ART）が行われることがあります。日本泌尿器科学会・日本Men's Health医学会の診療の手引きによると、ARTの基準として、**血中遊離テストステロン値が8pg/mLを許容限界**としていて、これ以下に低下するとARTが必要になってきます。さらに、20歳代の平均値の70%である11.8pg/mL未満を低下傾向群として、ARTの対象とすることを提案しています。

ARTにより、生体にさまざまな改善効果が認められています。身体的効果としては筋肉量・筋力・骨密度の増加、インスリン感受性の改善、勃起不全の解消などで、精神的効果としては、気分や健康感の改善、性欲の亢進などです。60歳以上の男性の約20%はLOH症候群の可能性があると指摘されています。このような人たちにとって、ARTは生活習慣病の予防だけでなく、日常生活動作（ADL、activities of daily living）やQOLの向上も期待できるのです。

血中のテストステロン濃度を知るには、病院にかかる以外に方法はありません。人間ドックでも血中のテストステロンを測定することはほとんどないと思います。LOH症候群の症状の評価として、国際的に用いられているのは**AMSスコア**です（次の表）。このスコアからすると、**合計点26点が許容限界**ということになります。

■ AMS スコアを算出するための設問

| | | なし・1点 | 軽い・2点 | 中等度・3点 | 重い・4点 | 非常に重い・5点 |
|---|---|---|---|---|---|---|
| 1 | 総合的に調子が思わしくない | | | | | |
| 2 | 関節や筋肉の痛みがある | | | | | |
| 3 | ひどい発汗がある | | | | | |
| 4 | 睡眠の悩みがある | | | | | |
| 5 | よく眠くなる | | | | | |
| 6 | イライラする | | | | | |
| 7 | 神経質になった | | | | | |
| 8 | 不安感がある | | | | | |
| 9 | 体の疲労や行動力の減退がある | | | | | |
| 10 | 筋力の低下がある | | | | | |
| 11 | 憂うつな気分だ | | | | | |
| 12 | 絶頂期は過ぎたと感じる | | | | | |
| 13 | 力尽きた、どん底にいると感じる | | | | | |
| 14 | ひげの伸びが遅くなった | | | | | |
| 15 | 性的能力の低下がある | | | | | |
| 16 | 早朝勃起（朝立ち）の回数が減った | | | | | |
| 17 | 性欲の低下がある | | | | | |

出典：Heinemann, LA, et al. 1999 [13]

■ AMS スコアの合計点の判定

| 合計点 | 判定の内容 |
|---|---|
| 17～26 点 | 男性更年期障害ではない |
| 27～36 点 | 軽度男性更年期障害の可能性がある |
| 37～49 点 | 中等度男性更年期障害の可能性がある |
| 50 点以上 | 重度男性更年期障害の可能性がある |

# ▶12

## 敏捷性

### 敏捷性を養うには縄跳びが有効

　**敏捷性**とは、身体の一部あるいは全部を連続して、いろいろな方向へ素早く動かすことのできる能力です。単純に身体を動かす速度ではなく、身体を動作方向に正確に動かすことができる能力です。

　陸上競技の走競技や競泳などではそれほど重要視されませんが、ほとんどのスポーツでは敏捷性の能力は勝敗に大きく影響します。特に、サッカー、ラグビー、テニス、アメリカンフットボールなどコート内を走り回るスポーツや、攻守の切り替えが短時間で行われる卓球、バドミントン、武術などでは高い敏捷性が要求されます。

　敏捷性は**アジリティ**（agility）とほぼ同意語です。**俊敏性（クイックネス**、quickness）という言葉もありますが、俊敏性は敏捷性とは違い正確さを必要とせず、速さのみの能力を意味します。

　敏捷性を測定する方法として、最も利用されているのが**反復横跳び**です（図）。日本の学校に通ったことがある人は、体力テストの1つの種目としてやったことがあるはずです。地面に100cm間隔の3本の線を引きます。中心の線をまたぎ、開始の合図とともに、右からであれば右→中央→左→中央→右と、できるだけ早く足を移動させます。右あるいは左から中央に戻ると1回と数え、20秒間測定します。線は必ず超えるか踏まなくてはならず、このことで正確性を求めるのです。俊敏性の測定であれば、線を超えるか踏むかは関係なく、左右に移動した回数だけを測定することになります。

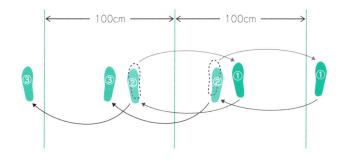

■ 反復横跳びの方法

　加齢によって敏捷性は低下していきます。身体のほとんどの機能は、歳を重ねるにつれて低下していくのでやむを得ないところがあります。

　敏捷性の低下は、反応時間の低下と運動の切り替えの素早さや、筋収縮速度の低下が主な原因と考えられています。反応時間に関係しているのは、末梢神経の運動神経伝達速度と中枢神経系での処理速度です。また、運動切り替えの素早さや筋収縮速度の低下には、筋の委縮、神経筋の協調性低下などが関与しています。

　敏捷性のトレーニングとして行われているのが**ラダー (ladder) トレーニング**です。これはまさに梯子(ラダー)状の図を描いたり、器具を地面に敷いたりして、そのマスのあいだに足を入れて素早くステップしていく運動です。このラダートレーニングは、一般のスポーツ愛好者から、プロスポーツ選手にまで採り入れられている方法です。素早くステップを踏むのは俊敏性のトレーニングとなりますが、いろいろなステップを採り入れることは、敏捷性のトレーニングとして有効であるとされています。バランス感覚

を養い、関節動作の安定性、さらには反射神経を養うのです。

　一般の人にとって、日常生活を送るうえで優れた敏捷性が必ずしも必要なわけではありません。しかし、敏捷性が低下することによって、たとえば人や物にぶつかりやすくなったり、とっさの動きができなくなったりします。高齢者にとって、敏捷性の能力をある程度維持することは、転倒や障害予防につながり、日常生活活動の能力を保持するうえでも重要です。

　しかしながら、加齢に伴う敏捷性の低下は徐々に確実に起こっていきます。次の表は、文部科学省が定めた反復横跳びの評価基準を示しています。ある年代で評価基準が大きく低くなることはなく、着実に低くなっています。反復横跳び、すなわち敏捷性能力のピークは男女とも17〜19歳あたりで、それぞれ平均60回および50回程度です。年齢が増すにつれ男女ともこの能力は低下し、60〜64歳になると、若いときのピーク値に比べ約7割しかできなくなります。

■ 日本人成人の反復横跳び評価基準（男性）

| 年齢 | 優れている | やや優れている | ふつう | やや劣っている | 劣っている |
|---|---|---|---|---|---|
| 20〜24 | 55 以上 | 54〜49 | 48〜44 | 43〜38 | 37 以下 |
| 25〜29 | 54 以上 | 53〜49 | 48〜43 | 42〜37 | 36 以下 |
| 30〜34 | 55 以上 | 54〜49 | 48〜44 | 43〜38 | 37 以下 |
| 35〜39 | 50 以上 | 49〜46 | 45〜42 | 41〜38 | 37 以下 |
| 40〜44 | 48 以上 | 47〜44 | 43〜41 | 40〜37 | 36 以下 |
| 45〜49 | 46 以上 | 45〜43 | 42〜39 | 38〜35 | 34 以下 |
| 50〜54 | 44 以上 | 43〜41 | 40〜37 | 36〜34 | 33 以下 |
| 55〜59 | 42 以上 | 41〜39 | 38〜35 | 34〜32 | 31 以下 |

出典：文部科学省 2006 [14]

■ 日本人成人の反復横跳び評価基準（女性）

| 年齢 | 優れている | やや優れている | ふつう | やや劣っている | 劣っている |
|---|---|---|---|---|---|
| 20～24 | 47 以上 | 46～42 | 41～37 | 36～32 | 31 以下 |
| 25～29 | 46 以上 | 45～41 | 40～36 | 35～30 | 29 以下 |
| 30～34 | 50 以上 | 49～44 | 43～39 | 38～33 | 32 以下 |
| 35～39 | 48 以上 | 47～43 | 42～37 | 36～31 | 30 以下 |
| 40～44 | 47 以上 | 46～41 | 40～35 | 34～29 | 28 以下 |
| 45～49 | 45 以上 | 44～39 | 38～33 | 32～28 | 27 以下 |
| 50～54 | 43 以上 | 42～37 | 36～31 | 30～26 | 25 以下 |
| 55～59 | 39 以上 | 38～34 | 33～29 | 28～23 | 22 以下 |

出典：文部科学省 2006 [14]

1
神経機能

　反復横跳び能力低下の許容限界がどの程度なのかは判断できませんが、日常生活の中で身体を動かさないでいると、敏捷性は低下していくばかりです。

　敏捷性は、神経系と筋肉系の総合力によるものです。この総合力を養うための簡単な方法としては、縄跳びがお勧めです。縄跳びは全身運動ですし、エネルギー代謝の亢進、筋肉トレーニング、骨の形成などにとても有効です。また、縄に合わせてリズムよく跳ぶということは、神経系と筋肉系の協調がないとできませんから、敏捷性能力の限界を広げるトレーニングとして優れているのです。

## ▶13

# バランスを保つ限界

## バランス能力は身体機能の総合的指標

　姿勢は、視覚、前庭(内耳にある三半規管)、および末梢受容器(筋・腱・関節からの伸長、加速度、圧などのセンサー)からの情報が中枢神経で統合され、中枢神経からの指令により骨格筋が活動することによって保持されます。姿勢の位置や動きを感知する能力は**平衡感覚**と呼ばれています。

　平衡感覚を正常に維持するために、重要な役割をしているのが三半規管です。**三半規管**は、内耳にある前半規管、後半規管、および外側半規管と呼ばれる3つの管状器官から構成されています。これらはそれぞれがおよそ90度の角度に位置していて、身体が回転したとしてもその位置を感知することができます。三半規管の内部はリンパ液で満たされていて、リンパ液が流れることによって身体の位置が確認できるようになっています。

　**メニエール病**という病名を耳にしたことがある方も多いと思います。メニエール病は、ぐるぐると目や周りのものが回るような回転性の激しいめまい発作が数十分から6時間程度続き、その間吐き気や嘔吐だけでなく、難聴や耳鳴りなどの症状を伴います。30歳代後半から40歳代前半の女性に多く発症し、人口10万人あたり15〜18人程度とされています。この病気は、三半規管のリンパ液が増えるリンパ水腫だと考えられていて、その発症にはストレスとの関連性が指摘されています。

　姿勢の正常な維持には、三半規管だけでなく、筋力(P.73)や敏捷性(P.46)などの運動機能、視覚、筋の伸張感覚機能、認知機能、明暗などの環境など、多くの因子が影響します。このよう

な生体諸機能が正常に働くことによって、立位や座位姿勢を正常に保ったり、人間特有の二足歩行ができるのです。

姿勢を維持する能力、あるいは不安定な姿勢から安定した姿勢に戻す能力を**バランス能力**と言います。バランス能力は、次の2つに分けられます。

- ❑ **静的バランス**：重力以外の外力が作用せず、動作を伴わない
- ❑ **動的バランス**：重力以外の外力が加わっていて、歩行など身体の移動が伴う

バランス能力の評価方法としてよく行われているのは、閉眼片足立ちあるいは開眼片足立ちです。**閉眼片足立ち**は、両眼を閉じ、両手を腰に当てて片足立ちをすることです。軸足は左右どちらの足でもかまいません。また、上げる足の高さや位置は特に決められていません。足を上げてから、軸足が動くか、あるいは上げた足が床に着くまでの時間を測定します。通常は、最長180秒で打ち切ります。若い人でも転ぶことがあるので、測定の際には注意が必要です。

次ページの2つの表は、日本人成人男女の閉眼片足立ちの年齢別記録です。5段階に評価されたものとなっています。加齢とともに、閉眼片足立ちの記録は急速に低下していることが分かります。バランス能力の機能低下の許容限界を日本人の標準的な値とするならば、表の5段階評価の3が、各年代の中間値となるのでしょう。

■ 男性の閉眼片足立ち評価 (単位:秒)

| 年齢 | 得点 | | | | |
|---|---|---|---|---|---|
| | 1 | 2 | 3 | 4 | 5 |
| 20～24歳 | ～6 | 7～21 | 22～66 | 67～204 | 205～ |
| 25～29歳 | ～5 | 6～20 | 21～64 | 65～200 | 201～ |
| 30～34歳 | ～5 | 6～16 | 17～51 | 52～156 | 157～ |
| 35～39歳 | ～4 | 5～14 | 15～44 | 45～133 | 134～ |
| 40～44歳 | ～4 | 5～12 | 13～37 | 38～110 | 111～ |
| 45～49歳 | ～3 | 4～10 | 11～30 | 31～87 | 88～ |
| 50～54歳 | ～2 | 3～8 | 9～24 | 25～66 | 67～ |
| 55～59歳 | ～2 | 3～6 | 7～17 | 18～44 | 45～ |
| 60～64歳 | ～1 | 2～4 | 5～10 | 11～24 | 25～ |

出典:中央労働災害防止協会 2012[15]

■ 女性の閉眼片足立ち評価 (単位:秒)

| 年齢 | 得点 | | | | |
|---|---|---|---|---|---|
| | 1 | 2 | 3 | 4 | 5 |
| 20～24歳 | ～6 | 7～20 | 21～64 | 65～199 | 200～ |
| 25～29歳 | ～5 | 6～20 | 21～63 | 64～196 | 197～ |
| 30～34歳 | ～5 | 6～16 | 17～53 | 54～167 | 168～ |
| 35～39歳 | ～4 | 5～14 | 15～47 | 48～148 | 149～ |
| 40～44歳 | ～3 | 4～12 | 13～41 | 42～127 | 128～ |
| 45～49歳 | ～3 | 4～10 | 11～34 | 35～105 | 106～ |
| 50～54歳 | ～2 | 3～8 | 9～27 | 28～80 | 81～ |
| 55～59歳 | ～2 | 3～6 | 7～19 | 20～55 | 56～ |
| 60～64歳 | ～1 | 2～4 | 5～11 | 12～28 | 29～ |

出典:中央労働災害防止協会 2012[15]

**開眼片足立ち**は、文部科学省の新体力テストとして、高齢者 (65～79歳) を対象に行われています。両手を腰に当て、立ちや

すい足を軸足にして、片足を前方に床から5cm程度上げます。最長120秒で打ち切ります。測定の際、実施者の周りに危険なものや、段差や傾斜がないか確認する必要があります。

　図は、65歳以上の高齢者の開眼片足立ち記録の年次変化です。この図から、加齢に伴うバランス能力の明らかな低下が分かります。しかし、バランス能力は年々向上しており、高齢者の総合的な運動能力が改善していることが見て取れます。そして、最近になってくると、男女の能力が接近していることもバランス能力の特徴の1つです。図の値は平均値なので、この値を目標あるいは許容限界値と考えてもいいでしょう。

1 神経機能

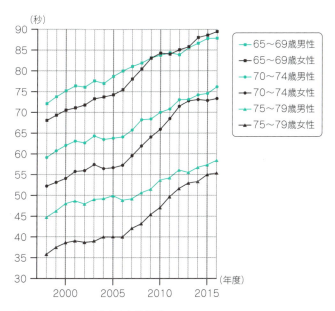

■ 高齢者の開眼片足立ちの年次推移
出典：スポーツ庁 2017 [16]

バランス能力は、人間の身体機能が正常に機能しているかの総合的な指標の1つになります。高齢者においては、しっかりと立つことができ、ふらつくことなく歩けることは、日常生活を営むうえでも重要ですし、転倒予防にもつながります。

　バランス能力のトレーニングとしては、運動学やリハビリテーション医学の分野からいろいろな方法が考案されています。その中で、最も手軽な方法は歩行運動です。日常生活において、できるだけ歩いて移動するという努力が必要でしょう。

# 第 2 章
# 運動機能

# ▶14

# 速く走る限界（速度）

## 理論上の推定限界値は100mを9秒35

　人間が速く走ることができる速度の限界を考えるとき、多くの人は陸上競技の100m走を思い浮かべると思います。しかし、200m走の記録を2で割ると、100m走の記録とほとんど変わりません。人間の限界の記録を出す人は、100mも200mも似たような速度で走っているのです。

　現在の100mおよび200mの世界記録保持者は、どちらもジャマイカのウサイン・ボルトさんです（2017年12月現在）。ボルトさんの200mの世界記録は19秒19で、これを2で割ると9秒595となります。一方、100mの世界記録は9秒58なので、200m走とほとんど変わらない記録なのです。

　ボルトさんが9秒58の記録を出す前に、人間が究極的に100mを何秒で走れるのかを推定した研究者たちがいます。そしてその記録は9秒44～48と算出されました。算出された時点での世界記録は、やはりボルトさんの9秒69でした。1年後、ボルトさんはこれを一気に0.11秒も縮める記録を出したのです。究極の記録と考えられたタイムまでほぼ0.1秒に迫りました。

　図は、1983年以降の100m走記録の推移を見たものです。2007年あたりまでは、ほぼ直線的に記録が更新されています。誰もがこの直線に従って記録は伸びていき、どこかに限界があるのだろうと考えていました。しかしボルトさんが登場すると、記録はこの直線を大きく外れてしまいました。図の最後の3点はボルトさんの記録です。いかにボルトさんがすごいのかがここからも分かります。

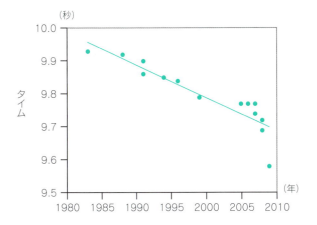

■ 100m走の世界記録の推移

出典：International Association of Athletics Federations. [17]

　陸上競技では、スタートの合図から100msec（0.1秒）以内に反応するとフライングと判定されます。人間の反応時間（P.145）は100msecより短いという説もあって、この100msecでのフライングは問題になっています。ボルトさんが9秒58の記録を出したときの反応時間は146msec（0.146秒）でした。ある研究者は、陸上競技のスタートの反応時間の限界値は85msec（0.085秒）であるとしています。ボルトさんがここまで反応時間を短縮させることができるならば、9秒50を切る記録を出せることになります。

　100m走では、スタートダッシュが得意な人、中盤に加速できる人、後半に強い人がいます。これまでの記録を用いて、それぞれの区間で最高の記録を出した人の時間をつなぎ合わせると、**9秒35**と算出されています。現在のところ、人間の能力を考えると、このあたりが100m走の限界かもしれません。

　短距離を速く走る方法は大きく2つに分けられます。1つは歩

幅を長くする**ストライド走法**、もう1つは歩数を増やす**ピッチ走法**です。一般に、身長が高くなれば歩幅は長くなり、歩数は少なくなります。ボルトさんはストライド走法とピッチ走法を、最も理想的に組み合わせた選手だと言われています。ボルトさんの身長は196cmです。9秒58の記録を出したときには、100mを41歩、1歩あたり2.44m、ピッチは1秒あたり4.28歩でした。

2017年9月9日、日本の陸上界だけでなく、多くの日本人が待ち焦がれていた、100m走で10秒を切る記録が生まれました。その記録を出したのは、東洋大学4年生の桐生祥秀さん(21歳)です。桐生さんは京都・洛南高校3年生のときに、日本歴代2位の10秒01を出し、将来を嘱望されている選手でした。その期待に応え、福井で行われた第86回天皇賜盃日本学生陸上競技対校選手権大会で9秒98の記録を出したのです。この記録は、伊東浩司さんの10秒00の日本記録(1998年)を、実に19年ぶりに更新することになりました。

桐生さんが9秒98の記録を出したときには、最高速度は11.67m/秒で、9秒台を出すのに必要とされる11.60m/秒を超えていました。歩数は47.3歩で、過去3大会のときよりも1歩少ない歩数でした。平均歩幅は2.11m、ピッチは4.74歩/秒でした。ボルトさんと比較すると、桐生さんの歩数は6.3歩多く、そのぶん歩幅が約30cm短く、ピッチが0.46歩/秒多くなっています。

桐生さんの身長は、ボルトさんよりも20cm低い176cmです。ボルトさんより歩幅が短いのは、身長の差が主な原因と考えられます。ただし、歩幅を身長1mあたりに換算すると、桐生さんは1.20m、ボルトさんは1.24mとなって、ボルトさんがまだやや長い値となります。桐生さんがボルトさんのように歩幅を長くするともっと速く走れるとは限りません。歩幅を長くするとピッチ

が落ちてしまうからです。また、そのときの選手の体調によっても、最も効率のよい歩幅とピッチの組み合わせがあるのかもしれません。日本短距離界は実力のある若い人がこれまでになく充実しています。今後の活躍が期待されます。

## ▶15 長く走る限界（距離＆時間）

フルマラソン42.195kmの限界は2時間ジャスト

　長い距離を短い時間で走ることができる人間の限界は、現在のところ42.195kmのマラソンの世界記録で測ることになります。それでは、マラソンの限界タイムはどの程度でしょうか。次ページの図は男子マラソンの世界記録の推移を示したものです。図から分かるように、記録の短縮傾向は続いています。マラソンの記録が2時間を切るのは近い将来だと断言する人もいますし、限界タイムは1時間57分58秒だと算出した人もいます。

　現在のマラソンの記録保持者は、ケニア人のデニス・キプルト・キメットさんです（2017年12月現在）。タイムは2時間2分57秒です。2017年5月にあるスポーツメーカーの主催で、マラソンを2時間以内で走らせるというイベントが開催されました。参加したのは世界のトップランナー3選手で、そのうち2時間3分5秒の記録を持つエリウド・キプチョゲさん（ケニア）が2時間0分25秒でゴールしました。2時間2分57秒という世界記録を大幅に上回っていますが、これは公式に認められた記録ではありません。

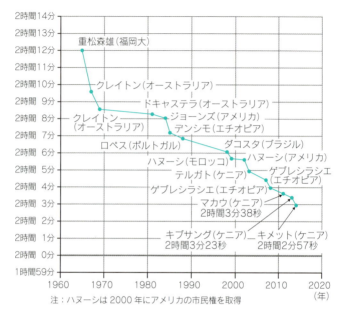

■ **男子マラソンの世界記録の推移**
出典：International Association of Athletics Federations. [17]

　このレースでは、記録を出すためのさまざまな条件が整えられていました。F1のレースコースを周回し、風の影響を極力なくし、水分補給は立ち止まらなくてもいいように自転車から渡されるなど、考えられるタイムロスにつながる条件をすべて排除したのです。このような条件のもとでも、まだ2時間を切ることはできませんでした。**当面のマラソンの限界は2時間**なのでしょう。

　ところで、現在の世界マラソン界をけん引しているのは、ケニア人とエチオピア人の選手です。世界の男子マラソン記録ベスト10には、ケニア人6名、エチオピア人4名が含まれていますし(2017年12月現在)、それ以下の記録においても上位はほとんどケニア

とエチオピアの選手で占められています。日本の高校駅伝や大学駅伝などで、ケニアやエチオピアの選手が日本人選手をごぼう抜きする姿をよく目にします。なぜ、ケニア人やエチオピア人は速く走れるのでしょうか。

　古い話ですが、1960年のローマオリンピックでマラソンの金メダルをとったのは、エチオピア人のアベベ・ビキラさんです。驚いたことにアベベさんは、裸足で42.195kmを走り抜いたのです。この当時、マラソン競技では、多くの人がゴールしたとたん、精根尽き果てたように倒れ込んでいました。しかし、アベベさんは疲れた様子をほとんど見せないで平然としていました。それほどアベベさんは体力に余裕があったのです。ローマの次のオリンピックは東京で開催されました。東京大会でもアベベさんはマラソンで金メダルを獲得しました。ただし、このときは靴を履いていました。

　一流の長距離選手を輩出し続けているケニアとエチオピアの選手には、育った環境などいくつか共通点があります。まず、標高が2000m前後の高いところに住んでいるということです。スポーツ選手のトレーニング場所として、標高が高いところが選ばれることがあります。標高が高いと酸素が薄くなるので、その補償作用として、酸素を運搬するヘモグロビンや、筋肉中で酸素を維持するミオグロビンが増加します。その結果、酸素運搬能力や酸素消費能力が亢進し、長距離を速く走ることができる有酸素能力が向上するのです。ケニアとエチオピアの選手は、生まれながらにして高山トレーニングを受けていることになります。

　優れた長距離選手を輩出しているケニアとエチオピアの子どもたちは、小さいころから遠くにある学校に通い、水汲みや動物の世話といった家の手伝いなどでも遠方まで出かけることがあるの

です。ケニアで走競技のトップ選手を数多く輩出する場所として有名なのが、ケニア西部のリフトバレー州です。この地域では、10km以上離れた学校に裸足で通っている子も少なくないとされています。低酸素環境に加えて、このような日常生活の行動は、持久能力(P.62)を高めるだけでなく、精神的な強靭さをも養うことができます。また、生まれ育った環境は決して裕福ではなく、スポーツ選手として成功すると収入が確保できることも強くなる一因です。さらに、黒人選手は、遺伝的に腕や脚が長いという身体的な特徴があり、脚が長いとストライドも伸びて、マラソンを速く走ることができるのです。

かつて日本の男子マラソン界は、世界を引っ張ってきた実績があります。しかし、日本記録は2時間6分16秒ですし、この記録が出てからすでに15年以上経過しています。世界のマラソンの高速化から取り残されている感があります。日本人男子の限界記録が2時間6分ということはあり得ないので、これからの奮起を期待したいところです。

## ▶16

# 全身持久力

酸素をどれだけ摂取できるかが、持久力の鍵

**全身持久力**とは、全身的な運動を長時間にわたり続けることができる体力のことを指します。マラソンなどの長距離を走る人を「スタミナがある」と表現することがあります。このスタミナが、全身持久力なのです。

全身持久力の評価として最も利用されているのは、**最大酸素摂取量（VO<sub>2</sub>max）**です。$VO_2max$とは、1分間に体内に取り込むことができる酸素の最大量のことです。軽強度の運動から、少しずつ運動強度を上げていくと、酸素摂取量は運動強度に比例して増加していきます。運動強度をどんどん上げ、運動している人が疲労困憊するような運動強度近くになると、酸素摂取量の増加は頭打ちになります。このときの酸素摂取量が$VO_2max$です。$VO_2max$は、1分間に消費される酸素量（L/分）、あるいは一般的には体重が重い人ほど高い値となるので、体重の影響を取り除いた、体重1kgあたりの酸素消費量（mL/kg/分）で表されます。

酸素は体内で化学的なエネルギーを作るときに使われ、酸素量が多いほどたくさんのエネルギーが作り出されます。エネルギーの生産量が持続的に多くなると、それだけ運動強度が高くなっても身体を長く動かすことができます。このことから、$VO_2max$を測ることによって、全身持久力を評価できるのです。全身持久力は、**有酸素性能力**とも呼ばれています。$VO_2max$には、酸素を取り込む呼吸系、酸素を運搬する循環系、筋肉での酸素利用系など多くの生理機能が連鎖状に関係しています。

マラソンなどの持久的運動能力が必要な種目の記録と$VO_2max$には密接な関係があります。$VO_2max$が高くないと、持久的な競技ではよい記録を出せないのです。全身持久力に優れた男性スポーツ選手の$VO_2max$は、70mL/kg/分を超えます。市民ランナーとして名をはせた川内優輝さんや一時期絶対的な強さを誇った瀬古利彦さんなどの世界的なランナーになると、$VO_2max$は80mL/kg/分を超える値になっています。$VO_2max$が高くなければマラソンの成績はよくならないのです。しかし、高ければ高いほど成績がよくなっていくかというと、そうでもありません。

VO₂maxが70mL/kg/分以上の長距離走の一流選手だけを対象として、競技成績とVO₂maxの関係を見た研究があります。それによると、一流選手では、VO₂maxと競技成績とのあいだには一定の関係は認められなかったのです。一流選手の競技成績には、VO₂max以外に、ランニング効率、筋パワー、精神力、体調など多くの要因が複雑に絡んで影響しているからです。

　一般の人が普通の生活を送るならば、当然ですが、持久的運動を行っている選手ほど高いVO₂maxは必要ありません。しかし、この値が高ければ、健康学的にいろいろな恩恵を受けることができます。VO₂maxが高い人は、主に呼吸循環系能力が優れています。呼吸循環系能力は肺、心臓、血管の能力なので、少々のことでは息切れしなくなります。さらに、より高いレベルのVO₂maxを維持することによって、死亡率が低下するだけでなく（図）、肥満予防、インスリン感受性の亢進、動脈硬化予防など、生活習慣病の予防に効果的です。日常生活活動が活発になり、寝たきり防止にもつながるという研究結果も発表されています。

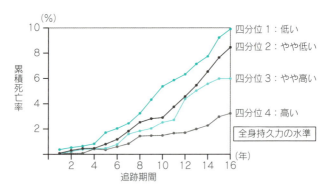

■ **全身持久力と死亡率の関係**
出典：Sandvik, L. et al. 1993 [18]

一般の人の最大酸素摂取量の基準値は、2013年に厚生労働省の研究班が発表しています。それによると、18～39歳では男39、女33、40～59歳では男35、女30、60～69歳では男32、女26（mL/kg/分）となっています。有酸素トレーニングを行うことによって一般の人であっても、$VO_2max$を高い水準に保つことができます。中高年も例外ではなく、日本人で65～69歳のジョギング愛好者の$VO_2max$は44mL/kg/分であったという報告があります。ここまで高い$VO_2max$でなくてもいいのですが、健康を考えると、厚生労働省の基準値を下回らないほうがいいでしょう。

　自分の$VO_2max$を知るのは簡単ではありません。$VO_2max$の測定には機器が必要ですし、最大作業まで行わなければならないので危険も伴います。そのため、$VO_2max$を推定できる簡便な方法がいくつか開発されています。

　そのうちの1つは、文部科学省の新体力テストで採り入れられている、**20mシャトルラン**の結果を利用する方法です。20mシャトルランでは、まず、合図に合わせて20mを走ります。20m先に引かれた線に到達したら向きを変えて待機します。次の合図で折り返し、20mを走ります。これを繰り返します。そして、合図についていけなくなり、2回連続で走りきれなかったときに終了です。このようにして、何回走りきれたかを計測します。

　20mシャトルランは全身持久力をテストするもので、最大酸素摂取量を推定できます（次ページの表を参照）。20mシャトルランの折り返し数で限界を探るとすると、18～39歳では男60回、女30回、40～59歳では男40回、女20回、60～69歳では男30回、女10回となります。

■ 20mシャトルランからの最大酸素摂取量推定

| 折り返し数<br>(回) | 最大酸素摂取量<br>(mL/kg/分) |
| --- | --- |
| 10 | 28.3 |
| 20 | 30.5 |
| 30 | 32.8 |
| 40 | 35.0 |
| 50 | 37.3 |
| 60 | 39.5 |

| 折り返し数<br>(回) | 最大酸素摂取量<br>(mL/kg/分) |
| --- | --- |
| 70 | 41.8 |
| 80 | 44.0 |
| 90 | 46.3 |
| 100 | 48.5 |
| 110 | 50.8 |

出典:文部科学省[19]

## ▶17

# 歩行と健康

### 競歩の速さはマラソンに匹敵

　歩行運動の1周期は、片側の脚の踵が着地してから、再び同じ脚の踵が接地するまでと定義されています。この間、足が地面についている時期(立脚相)と離れている時期(遊脚相)があります。通常の歩行における1周期の時間的配分は、立脚相が約60%、遊脚相が約40%です。歩行では、1周期の中では少なくとも片方の脚には必ず立脚相がなくてはならないのに対して、走行では両脚が一緒に遊脚相となる場合があります。

　陸上競技種目の1つに、競歩があります。競歩の基本ルールの1つは、常にどちらかの足が地面に接していることで、まさに歩行能力を競うことになります。競歩の世界記録を調べると、人間の歩行能力の速さの限界を推定できます。オリンピックの競歩に

は、男子20km、50kmと女子20kmがあります。そのうち男子20kmの世界記録保持者は日本の鈴木雄介さんであり、記録は**1時間16分36秒**です（2017年9月現在）。ちなみにハーフマラソン（21.095km）の世界記録は58分23秒、日本記録は1時間17秒です（2017年9月現在）。日本のハーフマラソン大会において1時間30分以内にゴールする人の割合は2%に満たないので、鈴木さんの競歩の記録は、マラソンの記録にも遜色がない素晴らしいタイムです。

　歩行運動は最も手軽にできる運動であって、しかも身体的だけでなく精神的な健康にとっても効果的であることが証明されています。歩行能力が低下すると、日常生活活動にも支障が出てきます。60歳あたりを過ぎると、歩行速度の低下や歩幅の減少が顕著になります。高齢者に限らず、普段から歩行運動を行い、身体能力を維持・向上させることはとても重要なのです。

　1997年度の調査では、日本人の歩数は1日平均で男性8202歩、女性7282歩であり、1日1万歩以上歩いている人は男性29.2%、女性21.8%でした。厚生労働省はその10年後、男女とも1000歩増加を目指し、1日平均歩数を男性9200歩、女性8300歩程度とする計画を立てました。ところが、2015年度には男性7194歩、女性6227歩と、男女とも1999年度より約1000歩低下していたのです。健康にとって有効な歩数は何歩でしょうか？ 歩けば歩くほどいいのでしょうか？ それとも、身体が弱った高齢者にとって、身体に悪影響を与えるような過剰な歩数というのはあるのでしょうか？

　厚生労働省は「健康日本21」の中で、身体活動量と死亡率などとの関連を見た疫学的研究の結果から、1日1万歩を推奨しています。この1日1万歩という目標値は、基本的には長く歩くほど

健康にいいと解釈されて世界中に広まりました。今でも自治体が音頭をとって、1日1万歩を推奨しているところもあります。

1日1万歩にはそれなりの根拠があります。健康のためには、1日あたり300kcal程度消費する身体活動が推奨されています。歩行時のエネルギー消費量は体重や速度によって変わりますが、体重60kgの人が時速4kmで10分間歩くと歩数は約1000歩となり、このときのエネルギー消費量は約30kcalとなります。したがって、300kcalのエネルギー消費量を確保するためには1万歩が必要になるのです。実際に、1日1万歩歩行を続けた人は、インスリン抵抗性が改善し糖尿病予防に効果があった、高血圧が改善したなど、生活習慣病への効果を中心として、数多くの研究結果が発表されています。

ところが最近は、1日1万歩を否定するような研究結果が出てきました。歩数が多ければ多いほどエネルギー代謝は高くなるので、太りすぎを解消することが目的であるならば、1日1万歩は有効です。しかし、身体の健康に関しては、1日1万歩と1日8000歩（急ぎ足20分以上を含む）では効果は変わらず、逆に8000歩以上歩くと免疫力が下がり、膝や腰などの運動器などによって体調を崩しやすくなるというのです。なお、運動器とは、身体運動にかかわる骨、筋肉、関節、神経などの総称です。

健康のための適切な歩行運動量には、年齢、性、体調など個人差が大きく影響します。図に示しているように、現在の日本人の歩数は男女とも8000歩には足りていません。**生活の中に10〜20分の急ぎ足歩行を含める**ことが、健康の限界を拡張するために必要なことかもしれません。

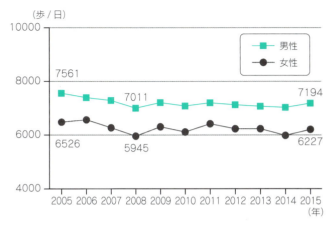

■ 歩数の平均値（20歳以上）の推移
出典：厚生労働省 2016 [20]

## ▶18

# 山登り

**無酸素登山の限界は8500m**

　山登りをすると驚くほど目立つのが、中高年の登山者の多さです。単独行の人もいれば、数十人の団体で楽しんでいる人々もいます。今や、中高年のあいだでは、登山ブームという一時的なものではなく、定着したレクリエーションあるいはスポーツと考えてもいいでしょう。

　警察庁の資料によると、山岳遭難の発生件数および遭難者数は、1988年あたりから年とともに指数関数的に急激な増加を示しています（次の2つの図）。

■ 遭難発生件数の推移
出典：警察庁 2016 [21]

■ 遭難者数の推移
出典：警察庁 2016 [21]

これは中高年の登山者が増加しているためと考えられます。さらに、年齢別の遭難者数を見ると（次の図）、年齢が高くなるにつれて増加していて、特に60歳代で急激な増加を示しています。70歳代以降では、登山者の総数が少なくなるので、遭難者数も少なくなっています。

　もちろん、この結果から登山の年齢限界を推し量ることはできませんが、60歳代で遭難者数が飛び抜けて多くなることには注目しなければなりません。

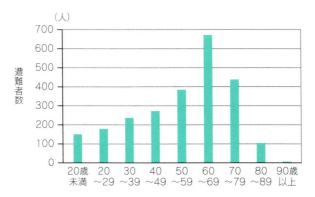

■ 年齢別遭難者数
出典：警察庁 2016 [21]

　2016年度の調査によると、我が国での山岳遭難者の原因は、道迷い38.1%が最高で、滑落17.0%、転倒16.1%と、これら3つで全体の約70%を占めています。これら3つの多くは、登山中に気をつければ避けることができるものです。次いで、病気7.8%、疲労7.0%と身体的な要因が続きます。これらの遭難原因の順序や割合は毎年それほど変動していません。道迷いはあらかじめ綿密な計画を立てて、地図とコンパスを携帯し、さらに経験者が

同行していれば防げる場合が多いはずです。また、単独行の登山者ほど遭難が多いことも指摘されています。安全に登山をするためには、**単独行を避け、少なくとも地図とコンパスだけは携行する**ことが必要です。

高い山では環境が大きく変化します。**気温は100m登るごとに約0.6℃低下**します。標高1000mまで登ると、低地よりも約6℃低下することになるので、温度差を考慮した衣服を準備する必要があります。また、気圧も標高が高くなるにつれて低くなっていきます。気圧が低くなると空気の酸素分圧も低くなり、高山病と呼ばれる症状が出てきます。登山は体力が必要なので、高い山への登山に限らず体力不足により体調が悪くなる場合があります。しかし、標高が2400〜2500mにおける頭痛を伴う体調不良であれば、高山病を疑ったほうがいいでしょう。**標高2400mから2500mを超えると高山病を発症することがある**ので、高山病に罹患しない安全限界はこのあたりの標高ということになります。

標高2500mでは、気圧は748hＰa（海抜0mでは1013hPa）、空気中の酸素分圧は156hPa（海抜0mでは212hPa）となって、平地の約74%まで低下します。この酸素分圧低下によって体調不良は起こるのです。世界の最高峰であるエベレスト山頂（8848m）の気圧は328hPa、酸素分圧は68hPaです。酸素分圧は平地の3分の1以下となって、かつて生理学者は、エベレスト登頂は酸素ボンベなしでは成し遂げられないだろうと考えていました。ところが、1978年に2人の登山家が、酸素ボンベの助けを借りずに登頂に成功したのです。以来、100人以上の登山家が無酸素でエベレストに登っています。しかし、登頂者総数からするとわずかな割合で、一般的には**無酸素登山の限界は8500m**あたりと考えられています。

高山病の症状は頭痛、吐き気、めまい、食欲不振などがまず起こり、さらに悪化すると頭痛がひどくなり、嘔吐、運動失調、傾眠などの症状が出てきます。高山病には、気圧の低下以外にも、歩行速度、気温、紫外線などが影響すると考えられています。また、高齢者や低体力者は高山病になりやすいとも指摘されています。しかし例外も多く、若い人や体力に優れた人であっても発症します。高山病の成因は明確になっていないのが現状です。ゆっくり登って、低酸素分圧に徐々に慣れていくというのは、確かに高山病を防ぐ有効な方法です。

　日本最高峰の富士山には、多くの人が一度は登ってみたいと思っていることでしょう。標高は3776mなので、その途中で高山病の症状が出て、登頂を断念する人も少なくありません。富士登山で最も人気があるのが吉田ルートですが、出発地である富士スバルライン五合目の標高はすでに2305mあります。高山病が発症する限界高度まで100mほどしかありません。ここでしばらくお茶でも飲みながらゆっくりと休憩をとり、身体を高高度に慣れさせて登山を開始したほうがいいでしょう。

## ▶19

# 筋力・筋パワー

収縮速度の速い速筋線維、疲労しにくい遅筋線維

　人間の筋肉は、構造や機能などから、**骨格筋**、**平滑筋**（内臓筋）および**心筋**の3つに分けられます。言うまでもなく、骨格筋が収縮することによって力が発揮され、人間は動くことができます。

筋力は筋の太さに比例して強くなり、筋の横断面積$1cm^2$あたり約6kgの力が発揮されます。

　筋力（骨格筋力）を測定するとき、単一の筋の力を測定することは容易ではありません。最もよく行われている筋のトレーニングとして、ダンベルを持って肘を曲げる運動があります。この場合、肩から肘にかけての上腕二頭筋が収縮します。肘をしっかり固定して肘を曲げると、必要な筋力は上腕二頭筋だけによって発揮されます。このときには、単独の筋力を測定することができます。しかしながら多くの場合、ある力を発揮するときには、いくつかの筋が同時に働きます。

　人間の筋力の限界は、ウェイトリフティングやベンチプレスの記録と考えていいでしょう。長いあいだ人間がベンチプレスで持ち上げることができる限界は500kg以下であろうと考えられていました。ところが、年々記録は更新され、ベンチプレスの記録は500kgに達し、床から腰まで上げるリフティングでは500kgを超える驚異的な記録が出ています。そのうちベンチプレスでも600kgを持ち上げる人が出てくるかもしれません。

　ウェイトリフティングやベンチプレスなどでは、統合された全身の筋力を競っており、持ち上げる速さを競っているわけではありません。一方、筋が力を発揮するときには、固定された壁などを押すときは別にして、四肢の動きを伴います。そこで、動く速度とそのときに発揮される力を合わせて評価する方法があります。それが**筋パワー**です。筋パワーは、筋力と筋収縮速度の積で求められます（**筋パワー＝筋力×筋収縮速度**）。筋収縮速度が速くなると、筋力を十分に発揮できず、逆に筋力を重視すると筋収縮速度が抑えられます。

　筋肉は、**筋線維**という細長い糸状の細胞から構成されています。

筋線維の大きさはさまざまで、長さは数mm～15cm、太さは50
～100 $\mu$m です（1 $\mu$m＝100万分の1m＝1000分の1mm）。筋
線維には運動特性があって、基本的には筋の収縮から弛緩まで
の時間が短いものと、長いものの2つに分けられます。前者は、
**速筋線維（白筋線維）**、後者は**遅筋線維（赤筋線維）**と呼ばれてい
ます。速筋線維は、筋収縮速度は速いのですが疲労しやすく、逆
に遅筋線維は、筋収縮速度が遅く、疲労しにくいという特徴が
あります。

　100m走や200m走などでは、筋収縮から弛緩までの時間がで
きるだけ短く、しかも発揮する力は強くなければなりません。高
筋パワーが要求されます。短距離走の持続時間は極めて短いので、
疲労を早く感じることはそれほど大きな問題ではありません。こ
のようなとき、重要な働きをするのが速筋線維です。人間の筋肉
は、一般的な人であれば速筋線維と遅筋線維の割合はほぼ同じ
です。しかし、オリンピックなどの世界大会に出場するような短
距離選手の場合、速筋線維の割合が非常に高くなります。速筋
線維では、筋肉に蓄えられているエネルギー源である**アデノシン
三リン酸（ATP）**を素早く利用できるからだと考えています。

　一方、マラソンなどの持久的な運動では、高パワーもある程度
必要ですが、それ以上に中筋パワーで疲労が起こらないように長
く運動できる筋肉でなくてはなりません。一流の長距離選手の筋
肉では、短距離選手とは逆に、遅筋線維の割合が高くなります。
遅筋線維は速筋線維よりもアデノシン三リン酸を作り出すミトコ
ンドリアが約1.5倍多く含まれています。ミトコンドリアが多い
ということは有酸素能力に優れていることを意味し、エネルギー
を安定して供給できるので疲労が起こりにくいのです。

　**速筋線維と遅筋線維の割合は生まれつき決まっていて**、トレー

ニングなどによって筋肉組成が変わることはありません。普通の人がどんなに努力しても、オリンピックの100m走やマラソンの代表選手にはなれないのです。

このように、筋パワーは筋肉内の速筋線維と遅筋線維の割合が重要な決定因子です。筋パワーの限界は、ある筋がすべて速筋線維、あるいは遅筋線維と仮定して求めることができます。下の図は、速筋線維の割合と平均パワーの関係を示したものです。次ページの図は、遅筋線維の割合と持久的運動の能力の指標である最大酸素摂取量(一定時間に身体に取り込むことができる酸素量)の関係を示したものです。それぞれの横軸の100%のときの値を推定し、それを100m走とマラソンの記録にあてはめると、前者は9秒3、後者は2時間を切るあたりの時間になるようです。この数値は、筋パワーから推定した限界記録ということになります。

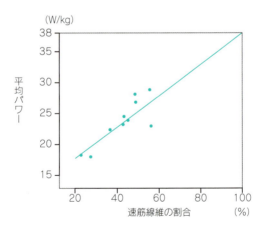

■ **垂直跳びにおける平均パワーと筋線維組成の関係**
出典:Bosco, C. et al. 1983 [22]

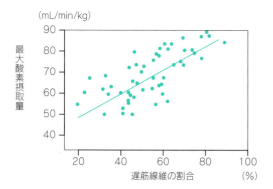

■ 最大酸素摂取量と筋線維組成の関係
出典：Bergh, U. et al. 1978 [23]

## ▶20

### 有酸素運動と無酸素運動

ATは健康状態を示す1つの指標

身体を動かすエネルギー供給機構には、酸素を使わない過程と使う過程があります。前者の過程が多い場合を**無酸素運動**、後者の過程が多い場合を**有酸素運動**と言います。ほとんどの運動では、両者の過程が混在しています。最終的には、両過程とも、筋肉が収縮するのに必要な直接のエネルギー源となる**アデノシン三リン酸（ATP）**を生成します。

無酸素でのエネルギー供給過程は、非乳酸系と乳酸系に分けられます。

**非乳酸系**により生成されるエネルギー源には、筋肉に蓄えられているATP、およびクリアチンリン酸の分解により生成される

ATPがあります。どのような運動であれ、運動開始時点において
は、まずこの非乳酸系のエネルギーによって筋の活動（運動）は行
われます。この供給機構による最大強度での持続時間は10秒以
下です。

　同時に、乳酸系によるエネルギー供給も開始されます。これは
糖（グルコースやグリコーゲン）を分解するので、解糖系と呼ばれ
ています。解糖系は、酸素の存在の有無で、嫌気的解糖系と好
気的解糖系に分類されます。嫌気的解糖系は、酸素がない条件
下で糖を分解してATPを生成する過程です。このとき、糖は分
解されてピルビン酸を生成し、ピルビン酸は乳酸に転換されます。
嫌気的解糖系では、グルコース1分子に対しATP2分子、グリコ
ーゲンからはATP3分子しか生成されません。最大強度の運動を
する場合は、嫌気的解糖系による持続時間は約30秒です。

　運動を始めて時間が経過すると、呼吸が促進し、心拍数が増
加していきます。生理機能が亢進することによって、運動負荷強
度がそれほど高くなければ、身体には十分な酸素が取り込まれ
ます。このように酸素が十分にある条件下では（好気的解糖系）、
ピルビン酸は乳酸には転換されず、ミトコンドリアに輸送されま
す。ミトコンドリアでは、TCA回路（クレブス回路）と呼ばれて
いる電子伝達系に入ります。このTCA回路に入ると、グルコー
ス1分子からATP38分子、グリコーゲンからはATP39分子を得
ることができ、嫌気的解糖系と比較するとずっと効率がよくなり
ます。このTCA回路によるエネルギー供給過程が有酸素機構です。

　無酸素運動の代表的な種目は、陸上競技の100m走や200m走
です。一流選手は、それぞれ10秒および20秒程度で走るので、
非乳酸系と乳酸系のエネルギー供給過程で十分まかなうことがで
きます。重量挙げ、ジャンプ、相撲、筋力トレーニングなども典

型的な無酸素運動です。一方、ウォーキング、軽いジョギング、サイクリングなどは有酸素運動の代表であり、サッカー、バスケットボール、ラグビーなどは混合型の運動種目です。

お腹が出てきたということで、仰向けに寝た状態から上半身を垂直に起こす上体起こし運動をする人がいます。腹筋運動で脂肪を減らすのが狙いだと思います。しかし、上体起こし運動は無酸素運動なので、エネルギー消費量は高くありません。上体起こしを100回したとしても、消費するエネルギー量はたかだか30kcalです。脂肪1gの熱量は9kcalです。上体起こし運動で脂肪だけが使われたと仮定して、単純に計算しても30÷9＝約3.3gとなります。上体起こしを100回やったとしても、脂肪は3.3gしか減らないのです。基本的には、**無酸素運動をしても、エネルギー消費量は少なく、脂肪を減らしてやせるのは無理**なのです。ただし、筋肉トレーニングを続けると、筋量が増し、基礎代謝が亢進して、エネルギー消費量が増加することは考えられます。

運動強度を低いほうから高いほうへ上げていくと、血中乳酸濃度はある強度から急激に上昇します。このときの運動強度を**無酸素性作業閾値**（anaerobic threshold、**AT**）と言います（図）。

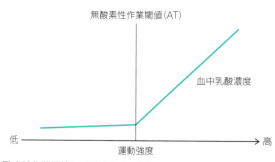

■ 無酸素性作業閾値と運動強度の関係

乳酸が急激に増加したことは、無酸素機構が優勢になってきたことを示しています。つまり、乳酸が急激に上昇する運動強度までは、有酸素機構によるエネルギー供給が可能であることを示しています。

　有酸素運動の能力に優れている人は、このATの運動強度が高く、乳酸濃度の上昇が遅れるのです。全身持久力の指標は最大酸素摂取量ですが（全身持久力の項（P.62）を参照）、ATは最大酸素摂取量と高い相関関係を示します。最大酸素摂取量を測定するためには、最大負荷まで運動させる必要がありますが、ATの測定はそれほど負荷を上げる必要がないという利点があります。ATは最大負荷の50〜60％あたりとされています。**ATが高ければ良好な健康状態**と判断されるので、少なくとも最大負荷の50％のATは維持したいものです。

▶ 21

# 運動による疲労

### 筋グリコーゲンが枯渇した時点が運動の限界

　運動をしていると、そのうち筋肉に力が入らなくなり、運動パフォーマンスは低下していきます。そして、最後には疲労困憊して、筋肉を動かすことができなくなります。ときには、筋肉痛まで生じることがあります。

　この筋疲労や痛みの原因は、長いあいだ、筋肉に溜まった<u>乳酸</u>と考えられてきました。現在でも、筋疲労は乳酸の蓄積のためであると解説している本が少なくありません。しかし、最近の

研究によって、**乳酸は疲労物質の主役ではなく、むしろエネルギー源となって疲労回復の働きをしている**ことが分かってきました。

グルコースやグリコーゲンからエネルギーを作り出すときには、これらがいくつかの化学反応を経て**ピルビン酸**という物質に変換されます。ピルビン酸まで変換された時点において、身体に十分な酸素が供給されていれば、ピルビン酸はミトコンドリアに取り込まれて、筋肉が活動するためのエネルギー源となる**アデノシン三リン酸**（**ATP**）を効率よく作り出します。

ところが、酸素が足りないと、ピルビン酸はミトコンドリアには取り込まれず、乳酸に変換されることになります。乳酸は運動強度とほぼ比例して増加していくので、乳酸は疲労物質だと考えられていたのです。

運動時の疲労はいくつかの要因が重なって発現しますが、大きく2つに分けられます。1つは筋肉自体に起こる疲労、もう1つは筋肉の動きを制御している神経系などに生じる疲労です。前者は**末梢性疲労**、後者は**中枢性疲労**と呼ばれています。末梢性疲労には、エネルギーの枯渇、体温の上昇などの身体の内部環境変化、神経筋接合部の情報伝達機能の低下、筋収縮に欠かせないカルシウムイオンの放出と取り込みなど、多くの要因が挙げられています。

一方、中枢性疲労では、**セロトニン**という神経伝達物質の関与が指摘されています。運動により疲労すると、脳内のセロトニン濃度が増加します。セロトニンの過度の増加は、倦怠感の増大やモチベーションの低下などを引き起こすのです。

さらに、最近の研究では、脳の貯蔵エネルギーである**グリコーゲン**が、疲労を伴う長時間運動時に減少することが明らかにされています。

しかし、運動時の疲労を科学的にとらえる研究は古くから行われていますが、いまだに末梢性疲労も中枢性疲労も、**原因は明確には分かっていない**のです。運動時の疲労のメカニズムの全容が明らかにされるのは、まだ当分先になりそうです。

持久的運動にとって、筋肉に蓄えられているグリコーゲンが枯渇することは、運動を制限する因子の1つです。グリコーゲンは多数のグルコース（ブドウ糖）が重合した高分子です（重合とは、簡単な構造の分子化合物が2分子以上結合して、分子量の大きな別の化合物を生成する反応です）。

筋肉には、筋100gあたり約1.5gのグリコーゲンが含まれています。体格などによって変わりますが、大人は全身の筋肉に200〜300gのグリコーゲンを蓄えています。**長時間運動では筋グリコーゲン量は時間とともに低下していき、これがほぼ枯渇すると、それ以上運動を継続することが不可能**となります（図）。

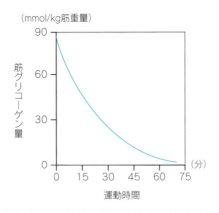

■ 最大酸素摂取量の80％強度の自転車運動を実施した場合の筋グリコーゲン量

**筋グリコーゲンが枯渇した時点が運動の限界**と言えます。一方で、この筋グリコーゲンの貯蔵量を意図的に増加させることが可能です。**グリコーゲン（カーボ）ローディング**と呼ばれるこの対策は、持久的運動を行うスポーツ現場で実際に採用されています。

従来行われていた方法は、激しい運動を行い、さらに低炭水化物を摂ることによって筋グリコーゲンをいったん枯渇させ、試合や大会の3日前にはトレーニング量を抑えて高炭水化物食を摂取するというやり方です。こうすることによって、筋グリコーゲン量を通常の約2倍近くまで高めることができます。しかし、この方法では、疲労が残ったり、低炭水化物食を摂取している時期に低血糖になったりして、体調を崩す場合も少なくありません。

最近では、炭水化物の制限を行わないで、試合の3日前までは普通の食事をし、その後の3日間は高炭水化物食を摂取する方法が採用されています。この方法でも、従来の方法と効果に遜色のないグリコーゲンローディングができます。ただし、グリコーゲンローディングは高血糖をもたらすことが明らかであり、運動選手以外には勧められません。

運動時の疲労のメカニズムは複雑です。しかし、運動トレーニングを続ければ、筋肉量が増え、より多くの筋グリコーゲンを貯蔵できるため、運動量の限界を広げることが可能です。時間や場所などの問題で運動トレーニングができなければ、**日常生活の中で身体を動かす**ことを心がけるべきです。乗り物に頼らないで、できるだけ歩くように心がけ、栄養バランスのよい食事を摂ると疲労の限界は広がるはずです。

# ▶22

# 投げる能力

人間の投げる能力はどの動物にも勝る

　人間の運動能力の中で、動物に勝っているのは何でしょうか？ それは物を遠くに、しかも正確に投げる能力です。もちろん、ある程度の重量のあるものは投げることができませんが、石ころ程度であれば、どの動物も人間の投げる能力にはかないません。

　イチローさんが、外野から矢のような送球、いわゆるレーザービームで、ランナーを三塁ベースやホームベースでアウトにするのを見ると、その強肩ぶりには驚かされます。イチローさんが外野から全力で投げると初速度は毎時150km近いというデータがあります。しかも、ランナーが滑り込んでくるところに構えられたグローブやミットに、見事に送球されるのです。イチローさんは強肩というだけでなく、正確さも際立っています。

　野球の投手の投げ方には、オーバースロー、スリークォーター、サイドスロー、およびアンダースローがあります。スリークォーター（three-quarter）以外は、すべて和製英語です。プロ野球の投手が投げるボールの初速度は、毎時160kmを超える場合もあります。これまでのアメリカ大リーグの最速記録は、キューバ出身のアルベルティン・アロルディス・チャップマン・デラクルーズさんが2010年に記録した、毎時169.1km（毎時105.1マイル）です。一方、日本のプロ野球では、2016年に日本ハムファイターズの大谷翔平さんが出した毎時165kmです。プロ野球投手が投げるスピードの限界は、今後も少しずつ伸びていくのでしょうが、今のところ毎時170kmあたりです。

　**オーバースロー**の投げ方は人間に特有なもので、動物では見ら

れません。オーバースローは、人間が二足歩行を行うことによって、上肢の複雑な動きが可能となったことによって生まれました。この投げ方により、より遠くに正確に投げることができるようになったのです。しかし、オーバースローは肩や肘への負担が大きく、投げすぎると**野球肩**、**野球肘**などのスポーツ障害を引き起こすことになります。

　現在では、障害が発症しないように、日本リトルリーグ野球協会では、1日あたりの投球数を13〜14歳：95球、11〜12歳：85球、9〜10歳：75球、8歳：50球とルールで制限しています。高校野球では、投球数の制限はありませんが、毎年のように議論の対象となっています。

　プロ野球の投手は、最近では100球をめどに交代することが多くなりました。過去のプロ野球投手の投球数を調べてみると、最も投球数が多かったのは、1942年5月24日に行われた大洋と名古屋（現中日）の試合で、大洋の野口二郎さんが記録した344球（延長28回）です。相手側である名古屋の西沢道夫さんも311球を投げていて、歴代第2位の記録です。現在であれば考えられない数字です。おそらくこの数字は今後破られることはないでしょう。

　陸上競技には、砲丸投げ、円盤投げ、ハンマー投げ、およびやり投げの4種目の投擲競技があります。次ページの図は、各投擲種目の男女の世界記録を示しています。

　投擲種目の中では、円盤投げだけが女性の記録が男性を上回っています。これは、円盤の重さが、一般男子2kg、一般女子1kgと、女子のほうが半分の重さであることが大きな原因です。やり投げは、野球のオーバースローに似た投げ方です。やり投げは、100mを超える記録が出るなど飛びすぎるために、ルール改正が行われ、やりの重心の位置が変更されました。飛距離が

10%程度短くなるように考えられたのですが、それでも最近の男子は100m近く投げています。

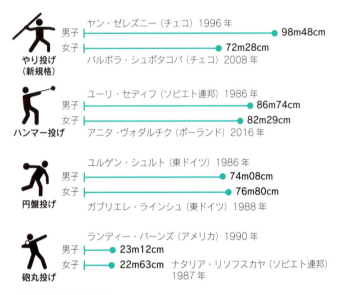

■ 投擲競技の世界記録
出典：International Association of Athletics Federations [17]

　砲丸投げと円盤投げの男女、およびハンマー投げの男子では、ここ30年ほど世界記録は更新されていません。これらの種目については人間の限界に近いのでしょう。ハンマー投げの女子では2016年に新記録が出ていますが、次の図に示すように、それまでほぼ横ばいだった記録をヴォダルチクさんが突然大幅に更新しました。

　体格、能力、トレーニングなど、記録にはいろいろな要因が絡んでいるはずです。このように、あるときこれらの要因がうまく噛み合うことによって、記録更新をする選手が出てくる可能性は

あるのでしょう。

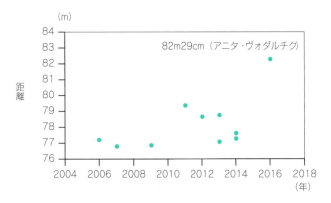

■ 女子ハンマー投げ記録ベスト10
出典：International Association of Athletics Federations [17]

## ▶23

### 跳ぶ能力

現在の記録が人間の跳ぶ能力の限界に近い

　跳躍力を測定する方法で、最も一般的に行われているのが垂直跳びです。垂直跳びは、直立姿勢から助走せず、その場で両足で踏み切ってジャンプし、その高さを測定します。文部科学省の体力診断テストの中にも、1998年まで垂直跳びは含まれていました。しかし、高齢者の場合、着地時の転倒などの危険性があるとの配慮から、新体力テスト項目から垂直跳びは除外されました。

　ジャンプと密接な関係があるスポーツとなると、まずバレーボールとバスケットボールが頭に浮かぶと思います。アメリカ男子

プロバスケットボールリーグ（NBA）の選手でバスケットボールの神様と呼ばれているマイケル・ジョーダンさんは、120cmを超える垂直跳びの記録を持っているそうです。しかし、一般的なNBAの選手の跳躍力は驚くほど高い値ではなく、平均の垂直跳びは約71cmという記録があります。

バレーボールなどで、ジャンプしたときの**最高到達点**という言葉を聞いたことがあると思います。これは、ジャンプしてから手が届く位置のことを指します。身長が2mを超える人の場合、最高到達点は3m50cmを超える高さになります。最高到達点と身長の差だけジャンプしたわけではなく、腕の長さが長いほど最高到達点は高くなります。日本人の現在の最高到達点は3m50cmあたりですが、世界を見ると3m80cmを超える人もいます。

日本の一流選手を対象とした垂直跳びの調査では、陸上短距離選手が73.2cm、野球選手が65.5cm、サッカー選手が61.2cm、ラグビー選手が58.9cmという記録があります。

また、アトランタオリンピック日本代表選手の垂直跳びは、よい記録を出した順に、ウェイトリフティング軽量級、ウェイトリフティング中量級、ウェイトリフティング重量級、ビーチバレー、ウェイトリフティング最軽量級、陸上短距離、陸上跳躍、そして体操の選手でした。

単純に考えると、陸上跳躍選手が最も高く跳べそうな気がしますが、実際にはウェイトリフティングの選手の跳躍力が優れているのです。

垂直跳びの記録がいい種目は、短時間に最高の力を発揮する瞬発系と、当然ですが跳躍系です。陸上競技の長距離走や自転車のロードレースなど、持久的な種目の選手の跳躍力は約50cmであり、ウェイトリフティング選手の半分程度です。垂直跳びに

は多少の技術は必要でしょうが、ウェイトリフティング選手が高かったことは、筋の瞬発力が大きく影響していることを示しています。

垂直跳びの記録に影響する因子は、筋量、筋線維組成、筋や腱の弾性特性などであることが指摘されています。筋量すなわち筋の太さは筋力と正比例するので、筋量が多いほど力は強くなります。しかし、最大筋力と垂直跳びの成績には相関関係がありません。力が強ければ強いほど高く跳べるというわけではないのです。

垂直跳びの成績と高い相関関係が認められるのは、**脚伸展筋パワー**です。**筋パワー**（P.73）は、筋力×筋収縮速度で得られるので、高く跳ぶには筋収縮速度を速くしなければなりません。筋収縮速度は筋線維の種類で決まります。

筋線維は**速筋線維**（**白筋線維**）のほうが**遅筋線維**（**赤筋線維**）よりも瞬発能力に優れていて、速筋線維の割合と垂直跳びの記録との相関は高いのです。筋線維特性は、トレーニングなどで変えることはできず、生まれつき決まっているので、**高く跳ぶ能力もある程度は天性のもの**です。

陸上競技の跳躍種目には、走り幅跳び、三段跳び、および走り高跳びの3種目があります。棒高跳びも跳躍競技に含まれますが、「ジャンプ」という言葉は使われません。次ページの図に、3種目の世界記録を示しました。

図から分かるように、3種目とも今世紀になってからは、世界記録の更新はありません。これほど長いあいだ記録の更新がないということは、**現在の記録が人間の跳ぶ能力の限界に近い**ということでしょう。

**2**

運動機能

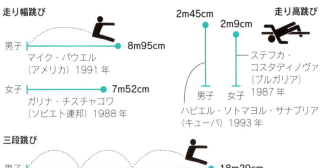

■ 跳躍競技の世界記録
出典:International Association of Athletics Federations [17]

## ▶24

# 泳ぐ能力

### 世界記録はまだ限界に達していない

　水泳は、競技として取り組むのでなければ、健康効果やダイエット効果が大いに期待できるスポーツです。水泳は全身運動であるだけでなく、水の抵抗に打ち勝つ必要があることから、エネルギー消費量は高くなります。さらに、水の抵抗は泳ぐ速度の2乗に比例して増加するので、速く泳ぐほどエネルギー消費は指数関数的に増加するのです。

　水の抵抗は、筋肉トレーニングとしても有効です。また、陸上の運動と比較すると、捻挫や骨折などのスポーツ外傷が発生し

ないことも大きな利点です。そのため健康のためのスポーツとしては年代にかかわらずお勧めですが、プールなどの施設が必要なので、いつでもどこでもと簡単には実施できないのが難点です。

体重70kgの人がゆっくりとクロールで1時間泳いだとすると、消費カロリーは600kcal程度です。平泳ぎであれば380kcal程度です。陸上での歩行で600kcalを消費するには、急ぎ足の歩行であったとしても、体重70kgの人で約3時間必要です。**エネルギーを消費し、体脂肪を減らそうと考えるならば、水泳はとても効率のいい運動**なのです。

人間が速く泳ぐという能力の限界は、世界記録を見ればおおよそは分かります。速く泳ぐために最も重要な能力の1つは、**エネルギー供給能力**です。50秒程度で泳ぎ切る100mクロールでは、必要なエネルギー量の80%を無酸素過程（酸素を使わずにエネルギーを作り出す過程）で供給し、残りを有酸素過程で供給しています。短距離を速く泳ぐためには、無酸素過程の運動能力が重要なのです。一方、水泳時間が3分を超えると、有酸素過程によるエネルギー供給が優勢になってきます。

水泳大会で、中学生や高校生などたいへん若い世代の人たちが、世界記録を出していることにお気づきだと思います。無酸素過程および有酸素過程でのエネルギー供給能力は、どちらも**男子では17歳から22歳、女子では14歳から18歳**にかけて、人生の中で最大の値を示します。これらの年齢は男女とも、水泳成績のピークが出現する年齢と対応している場合が少なくありません。

泳法の中で、**最も速い記録を出すのはクロール**です。水泳競技ではクロールという種目はなく、自由形種目（フリースタイル）があります。この種目では自由に泳法を選べますが、実際にはクロールでの競争になります。メドレーリレーや個人メドレーにお

**2**

運動機能

いても背泳ぎ、平泳ぎ、バタフライ、自由形となっていて、結局は自由形ではクロールで泳ぐことになります。今のところ、クロールよりも速く泳ぐことのできる泳法はありません。

そのクロールの記録を見ると、人間の水泳能力の限界が分かります。100mの世界記録は、前世紀の初頭から今世紀の初頭にかけて、100年間で約14秒短縮されました。次の図から分かるように、ここ数年、世界記録は更新されておらず、しかも近年は短縮の幅が狭くなっているようです。しかし、記録の短縮傾向はまだ続いているように見えるので、**人間の限界にはまだ達していない**と考えられます。

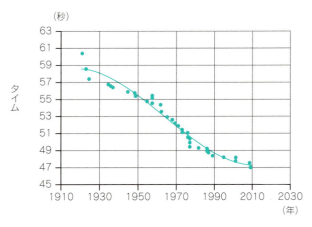

■ 100m自由形の世界記録の推移
出典：Fédération internationale de natation. [24]

水泳の長距離競技は1500m自由形です。1500mの記録を調べてみると（次ページの図を参照）、1980年あたりに節目があります。1980年あたりまで記録は急激に更新されていますが、それ以降になると伸びが鈍化しているのです。それでも依然として記録は

伸び続けているので、人間の限界の記録はまだ先になるでしょう。

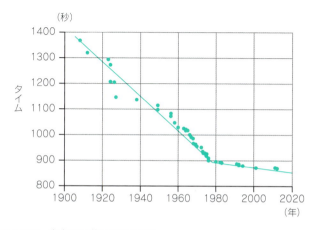

■ 1500m自由形の世界記録の推移
出典:Fédération internationale de natation.[24]

　オリンピックなどの水泳の世界大会を見ていると、陸上競技の走競技と比較して、世界記録が頻繁に出ているような気がします。まだまだ記録の伸びしろがあるのでしょう。水泳競技における問題の1つは水泳着です。水泳着によって、水の抵抗が変わってくるのです。近年は流体力学的研究が進み、速く泳ぐことができる水泳着が開発されています。「スーパースーツ」と呼ばれる特別なスイムスーツを着用することにより世界記録が頻発したことがありました。

　水泳着だけでなく、流体力学的に水泳に適した身体作りも、速く泳ぐための方法の1つです。単に筋力を高めるだけでなく、水の抵抗を減らし、推進力が出やすい体型を得るための筋肉トレーニングが開発されるかもしれません。そうなると泳ぐ速さの限界はずっと伸びるでしょう。

## ▶25

# 潜る能力

### 現在の潜水記録は人間の限界に迫っている

潜水方法は、次の図に示すようにいくつかあります。

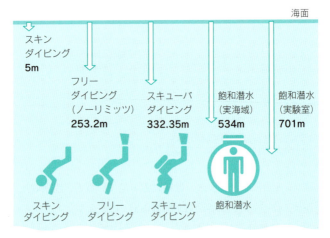

■ 潜水方法別の潜水深度
出典：AIDA International [25]、Guinness World Records [26]

息を止めて潜水する(**閉塞潜水**)方法は、レクリエーションとして楽しむのであれば**スキンダイビング**と呼ばれ、競技性が高くなってくると**フリーダイビング**と呼ばれています。フリーダイビングは**アプネア**(apnea)とも呼ばれていて、競技方法が8つに分けられています。そのうち、ザボーラという乗り物に乗って潜降・浮上することができ、さらに浮上の際にエアリフト、バルーン、ガイドロープなどを使用してもいい競技を**ノーリミッツ**(no limits)と言います。

このノーリミッツの世界記録は、男性ではオーストリア人のハーバート・ニッチさんが2012年に記録した深度**253.2m**です。女性の記録は2002年にアメリカ人のターニャ・ストリーターさんが達成した深度**160m**です（いずれも2017年12月現在）。ニッチさんが息を止めておける時間の最高記録は9分4秒で、253.2mの記録を達成したときには、潜水開始から浮上してくるまで5分とかかっていません。250mは太陽の光も届かない暗闇の世界です。トレーニングをしていない一般の人の素潜りでの潜水は深度5mあたりが限度でしょうから、この深度まで達するとは驚異的です。

　深度が100mを超えると、そこの世界は**グラン・ブルー**（フランス語で「雄大な青」）と呼ばれています。人類史上初めて素潜りで100mを超えたのはフランス人のジャック・マイヨールさんです。マイヨールさんの自伝を基に制作された映画『グラン・ブルー』（1988年）は世界的に大ヒットしました。

　映画の華々しい世界とは違って、深度100mまで素潜りするとなると、**死と隣り合わせの世界**です。

　息を止めて深く潜水すると、肺が圧迫され、ついには胸壁から肺が剥離し、非可逆的な損傷（**スクイズ**）を受けます。このため、人間が息をこらえて潜る水深の限界は、40m程度と考えられていました。しかし、呼吸法などのトレーニングをすることによって、閉息大深度潜水時には、水圧により腹部の内臓が横隔膜ごと肺の方向に押し上げられ、肺のスクイズを防いでいることが明らかになってきました。

　圧縮空気を使った通常のスキューバダイビングであれば、安全に潜水できるのは深度30mあたりまでです。これ以上深くなると、**窒素酔い**（窒素中毒）という、高揚感など酒に酔った状態と似た症状が出てきます。そして90mあたりになると、意識を喪失する

こともあります。空気を使うと窒素の量が多いので、潜水深度に限界があるのです。そのため30m以上潜る場合は、空気に代わる呼吸ガスが必要になってきます。

　スキューバダイビングによる世界記録は、エジプト人アフメド・ガマル・ガブルさんが、2014年9月に達成した**332.35m**です。潜降を開始して15分でこの深度に達し、浮上には13時間35分を費やしました。このときには、酸素、窒素、ヘリウムの混合ガスが使われ、ガブルさんは潜水中に合計9本のタンクを使いました。ヘリウムは軽くて不活性なガスなので、大深度潜水時は窒素に代わるガスとして使われています。ただ、高圧下では高圧神経症候群の原因となり、震え、めまい、疲労感などの症状が出現します。ガマルさんは深度350mが目標だったのですが、この高圧神経症候群に悩まされ、当初の目標を断念しました。

　浮上に時間をかけるのは、減圧症（潜水病）を避けるためです。減圧症とは、高圧により身体の組織や体液に溶解していたガスが、環境圧が低下するのに伴い気泡となり、この気泡が周囲組織を圧迫したり、血管に塞栓を生じさせることによって起こる生理的機能障害です。疼痛、麻痺、めまいなどが発症し、死に至る場合もあります。そのため、体内に気泡が生じないように、ゆっくりと浮上してこなければなりません。**深度10mを超えると潜水病の危険性がある**ので、浅いからといって油断してはいけません。

　スキューバダイビングよりさらに大深度に到達できる潜水方法があります。飽和潜水と呼ばれている方法です。高圧ガスを呼吸するとそのガスが身体に溶解しますが、その量はある圧力下では一定となり、それ以上溶解することはありません（飽和状態）。こういう状態であればその深度に長く滞在することができ、潜水効率がよくなります。ただし、浮上する際にはやはり減圧症に注意

しなければなりません。飽和潜水の世界記録は、1988年に6人のダイバーが実海域で達成した深度**534m**です。高圧環境を人工的に作った実験室では、1992年に3人のダイバーが深度**701m**に到達しています。10mの深度ごとに約1気圧上昇するので、701mであれば大気圧を加えて71気圧ということになります。

**閉塞潜水の253.2m、スキューバダイビングの332.35mは、人間の限界能力に近い**ようです。これ以上大幅に深度が深くなることはないかもしれません。一方、今後レアメタルなど深海の資源の有効利用などで、人間が深海で活動する必要性が増える可能性があります。このとき、人間は飽和潜水により長時間作業することになります。人間の能力だけでなく、科学技術の粋を集めることによって、潜水深度の限界は更新されていくでしょう。

## ▶26

### 横たわる限界

2日間寝て過ごすと、1％の筋力低下を招く

床や布団に横になる姿勢は、難しい言葉で言うと臥位と言います。仰向けであれば仰臥位あるいは背臥位、うつ伏せは伏臥位あるいは腹臥位、横向きは側臥位となります。ある調査によると、寝ている姿勢は仰臥位が圧倒的に多く60％、次いで右側臥位20％、左側臥位15％、伏臥位が最も少ない割合でした。右側臥位で寝ると、副交感神経が優位となり心拍数が低下したとの報告もあります。副交感神経が活性化したということは、精神的にリラックスしたことにもつながりますが、本当に右側臥位が睡眠

にとっていい姿勢かどうかはこれからの研究課題です。

　月曜から金曜まで毎日仕事をしていると、週末は家でごろごろして、ビールでも飲みながらのんびりとテレビを見たり、昼寝などをしたいと思う人は少なくないでしょう。しかし、ごろごろして1日を費やすと、身体的にも精神的にも効率がいい休養とはなりません。もちろん身体を休めることによって心身の疲労を除去するのは大事ですが、将来の健康を考えるならば、趣味やボランティア活動、スポーツなどで積極的に身体を動かすことが大事なのです。

　1日横になって過ごすと、それだけで筋委縮や筋力低下が起こってきます。

　どの程度低下するかというと、研究結果には多少のばらつきがありますが、1日ごろごろしていると、筋力であれば0.5%程度は低下するようです。特に大腿四頭筋、大殿筋、腓腹筋など、重力に抵抗して姿勢を保つときに働く抗重力筋に、筋力低下は起こりやすいとされています。**週末の2日間とも寝て過ごしたら、1%もの筋力の低下が起こる**わけですから、中高年であれば老化が加速することになります。

　ずっと横になっているということは、身体は重力の影響をあまり受けていないことになり、模擬的な無重力環境にいるようなものです。無重力あるいは微小重力の世界に滞在する宇宙飛行士は、さまざまな身体的弊害を受けることが知られています。宇宙環境では重力がほとんどないので、自転車運動や歩行運動をする機器が宇宙ステーションに設置されてはいますが、重力がある地上と同じような運動効果は期待できないのです。

　長期間の宇宙滞在により、筋の萎縮や、それに伴う筋力の低下が起こり、骨からはカルシウムが溶け出し、運動器官の機能

低下が起こります。また、宇宙から地球に戻ってくると、血液を重力に逆らって頭部まで送る循環調節機能が低下します。その結果、起立性低血圧による立ちくらみが起こることがあります。宇宙飛行士のこれらの症状は、寝たきりの人に現れる症状とよく似ています。

　高齢になって身体機能が低下し、あまり身体を動かさなくなってくると、**廃用症候群**が問題となってきます。廃用症候群とは、長期間身体を動かさない状態が続いたりすることによって、身体活動が低下し、さまざまな機能障害が起こってくることを指します。運動器や循環器障害の他にも、便秘などの自律神経障害、睡眠障害、うつ、食欲不振などの精神障害も発症します。

　廃用症候群は**生活不活発病**とも呼ばれています。病床で長くベッド生活をしている人に起こりやすいのですが、高齢者や病人でなくても、日常の生活に疲れて週末はごろごろと横になって、身体を休めている人は要注意です。日常生活において身体活動が減少すると体力も低下していきます。すると、身体を動かすとすぐに疲れてしまうので、頻繁に休憩をとるようになります。そうするとさらに体力が低下するという悪循環に陥るのです(次ページの図を参照)。いったん落ちた体力を元に戻すには、相当の努力が必要です。

　肉体と精神は密接に関係しています。身体活動は肉体的に健康になるだけでなく、自律神経のバランスを整えてくれますし、うつなどの精神症状にとっても効果的であることが証明されています。

　健康な人でも1日横になって過ごすと筋力が低下するわけですから、**横たわる時間の許容限界は、1日以下**であることは間違いありません。老化現象を遅らせ、健康を維持するために、週末に

は横になって過ごす時間をできるだけ少なくすることが肝心です。

■ 生活不活発病を招く、日常生活での悪循環

# 第3章
# 心理機能

## ▶27
# ストレス

職場でのストレスによる精神疾患が増加中

　**ストレス**という言葉を医学生物学領域にもたらしたのはカナダの医学者であるハンス・セリエ教授です。セリエ教授は、生体に有害な外部刺激（**ストレッサー**）によって生じる障害と、それに対する防御あるいは適応反応を一緒にしてストレスと名づけました。現在では、ストレッサーとストレスが混同され、またストレスという概念は幅広い領域で扱われるようになり、セリエ教授が考えていたものよりも広義に解されています。

　人間がストレッサーにさらされると、その情報は自律神経系の統合中枢である視床下部に達します。視床下部からは大きく2つの経路を通って**ストレス反応**が起こります。1つは、交感神経系を介するもので、もう1つは体液（ホルモンや神経伝達物質など）を介してなされるものです。神経作用と体液作用を明確に区別することはできませんが、中心となる活動からこのような分け方がなされています。

　交感神経による反応は極めて速いため、**緊急反応**と呼ばれています。この経路では、神経末梢からのノルアドレナリンの放出、副腎髄質からのアドレナリンの放出があります。これらのホルモンが放出されると、心拍数の増加、高血圧、呼吸数の増加、高血糖などが起こってきます。たとえば、職場で上司に叱責されると、一時的にこのような生理的反応が起こります。これが緊急反応です。

　体液を介する経路は、次のように複雑な機構となっています。

1. 視床下部から副腎皮質刺激ホルモン放出ホルモン（CRH）が分泌する
2. CRHによって脳下垂体前葉から副腎皮質刺激ホルモン（ACTH）が分泌する
3. ACTHが副腎を刺激する

　ストレッサーが加わっているあいだ、副腎からは副腎皮質ホルモンのコルチコイドが血液中に放出されます。コルチコイドのうち**糖質コルチコイド**は、炭水化物代謝はもちろんのこと、その他の中間代謝に対してもさまざまな生理作用を有していて、全身の細胞や組織に必要な物質を合成する同化作用を示し、ストレッサーによって生じた生体の障害を抑えるように働きます。糖質コルチコイドは、ストレス防御機構の中心的役割を果たしているのです。
　このように、ストレス反応は、元来は身体の防御機構ですが、**ストレッサーが長時間作用すると、ストレスに関係したホルモンが過剰に分泌され、逆に有害作用を起こす**ようになります。たとえば、アドレナリンが過剰分泌されると、高血圧や心不全といった循環器系の疾患の原因になります。コルチコイドが過剰に分泌されると、胃や十二指腸の粘膜が破壊されることにより潰瘍が起こりやすくなり、また免疫機能が低下して感染症やがんにおかされやすくなります。職場での上司からの叱責が長い期間にわたると、有害なストレス反応が生じてしまうのです。
　次ページの図は、厚生労働省が12歳以上の男女について、ストレスの有無を調査した結果です。どの年代においても、女性は男性よりもストレスを訴える率が高くなっています。そして、注目すべきは、30、40、50歳代の働き盛りの人たちに、ストレスを感じている人が男女とも多いということです。

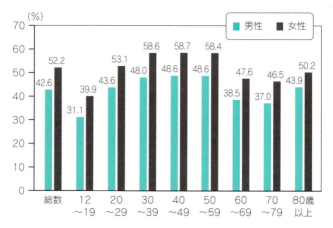

注：1）入院者は含まない。
　　2）熊本県を除いたものである。

■ **性・年齢階級別に見た、悩みやストレスがある者の割合（2016年）**
出典：厚生労働省 2016 [27]

　職場でのストレスを訴える人は少なくありません。休みがとれない、職場の人間関係がうまくいかない、仕事が多い、仕事の成果が出ないなど、その原因はさまざまです。そして、近年の特徴として、職場でのストレスに関係した精神疾患が増えていることが挙げられます。厚生労働省は、職場での精神的不調を未然に防ぐため、2015年から、職場でストレスチェックをするように義務づけました。ストレス度が高いと判断されれば、医師や保健師による面談を受けることができます。

　2017年の厚生労働省の調査によると、過労や上司からのいわゆるパワハラなど、仕事上の強いストレスが原因でうつ病など精神障害を発症し労災認定された人は498人に上りました。この2016年の498人は、記録の残る1983年度以降で最も多い人数

です。このうち、仕事が原因で自殺あるいは自殺未遂をした人は84人でした。

人間に何らかのストレッサーが加わると、体内ではストレス反応が起こります。前述のように、この反応は防御反応ですから、順調にいけばストレス病にかかることなく健康を保てます(次の図を参照)。場合によっては、ストレス解消法を実施することにより、ストレッサーに適応できます。一方、ストレス反応に適応できず、またストレス解消も思い通りにいかない場合は、うつなどのストレス病に罹患します。

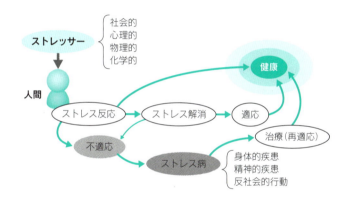

■ ストレスを克服し、健康に至るまでの流れ

ストレス解消法がしっかりしていれば、ストレス病を避けることができます。そのためには、自律神経系の調節が重要です。ただし自律神経系なので、自分の意思では制御できません。自律神経系の調節のためには、休日に安静を保って身体を休めるのではなく、**身体を動かす積極的な休息が重要**だとされています。何もしないで安静にしていたら、つい仕事のことを考えてしまうこ

ともあります。それらを忘れて精神を休息させるために、ハイキングやスポーツなどで身体を動かすことが重要です。これがストレスに対する許容限界を広げるコツです。

## ▶28 キレる（切れる）

### セロトニンの少なさが1つの要因

　最近、客観的に見ると極めてささいなことに対して怒りを爆発させ、暴力的な態度に出るという事件が後を絶ちません。いわゆる「キレる」のです。

　この言葉が最初に使われ出した1990年代には、若者をその対象としていましたが、今では年齢に関係なく使われています。子どもが通っている学校の先生などに対して理不尽で自分勝手な要求をする保護者（**モンスターペアレント**）、夫が妻に対して（妻が夫に対して）ふるう家庭内暴力（**ドメスティックバイオレンス**）、**児童虐待**など、多くの事柄が「キレる」という範疇に含まれています。

　ことわざに「堪忍袋の緒が切れる」というのがあります。ここから「キレる」という言葉が生まれたという説もあります。堪忍袋は、我慢に我慢を重ねて、これ以上我慢できなくなったときにようやく切れるのです。しかし、キレる場合は、我慢などしなくて、すぐに怒りを爆発させることが少なくありません。キレる怒りは、堪忍袋に入らないで、突然暴発するのです。

　キレる原因として、脳科学の分野からいくつか指摘されていま

す。その中の1つに、脳の情報を伝達する神経伝達物質の欠乏が挙げられています。情報が神経を伝わっていくときの手段は電気信号です。ところが、神経から次の神経に伝えるときには、シナプス間隙と呼ばれている隙間があって、この隙間は**神経伝達物質**と呼ばれるものが信号を伝えます（図）。この物質は、シナプス前の細胞体あるいは細胞外から作られ、シナプス小胞に貯蔵されています。電気信号が神経末端のシナプスに到達すると、シナプス小胞に入っている物質が放出され、次の神経に情報が伝わるのです。

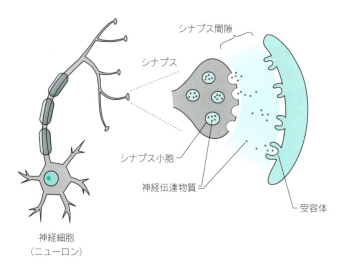

■ シナプス間隙を渡って信号を伝える神経伝達物質

　神経伝達物質はこれまで数十種類発見されています。アドレナリン、ノルアドレナリン、ドーパミンなどは耳にしたこともあるかと思います。これらはすべて神経伝達物質として働いています。

神経伝達物質は、それぞれの分泌量の違いによって、人間の身体を調整しているのです。そのうち、「キレる」に関係した伝達物質はセロトニンとされています。

セロトニンは、生体リズム、睡眠、体温などの調節に関与していますが、それだけでなく、感情を制御している神経伝達物質であるドーパミンやノルアドレナリンなどを調整して、精神作用を安定させる働きがあります。セロトニンが減少すると、感情を抑えることができず、落ち込んだり、不安を感じるようになるだけでなく、キレやすくもなるのです。現代人は**セロトニンを分泌する神経の働きが、ストレス、運動不足、疲労などで弱っている**と言われています。

2017年6月、神奈川県大井町の東名高速道路で、追い越し車線に停車していたワゴン車に大型トラックが追突し、45歳の夫と39歳の妻が亡くなりました。15歳と11歳の姉妹の目の前で、両親が亡くなるという悲惨な事故でした。ワゴン車を無理やり停止させたのは、パーキングエリアでこの夫から注意された25歳の若者でした。この若者はその後、パーキングエリアから1kmにわたり、あおり運転をしたり、前に割り込んだりしてワゴン車の進路を妨害したそうです。この間に家族が受けた恐怖と、その後の事故を考えると痛ましい限りです。

人間は、自動車を運転しているときには、普段よりも怒りやすく攻撃的になります。この現象をロードレイジ（road rage）と言います。rage には激怒、憤怒などの意味があり、road rage はまさに道路上でキレることを指します。運転中、特に高速運転をしている高速道路では、心拍数や血圧が高くなるなどして覚醒水準が亢進しており、少しのことでも興奮してしまうのです。他の車が妨害しているわけでなくても、自分が被害を受けたと思い込ん

でしまいます。

　運転中、他人の運転に怒りを覚えたときは、セロトニンの分泌が少なくなっているのかもしれません。乱暴な運転をする車だと思って怒りを感じたら、その車を避けるように運転するといいでしょう。それが運転中、キレる限界を広げることにつながります。

## ▶29 社交不安

対人恐怖症は日本人に特有

　不安とは、明日の会議でのプレゼンテーションはうまくできるだろうか、結婚式の来賓スピーチはうまくいくだろうか、明日の試合に勝てるだろうかなど、これから起こることが自分にとってよくないのではないかと抱く感情です（**予期不安**）。心理学的には**不安障害**として分類されていて、不安障害には全般性不安障害、パニック障害、特定の恐怖症、強迫性障害、心的外傷後ストレス症候群（PTSD）、社交不安障害などが含まれています。

　このうち**社交不安障害**の罹患率は高く、厚生労働省がまとめた報告（2016年）によると、生涯有病率は13％程度であり、一生のうち一度でも社交不安障害にかかる割合は、7人に1人程度とされています。社交不安障害は、人と交わる社交状況において、動悸、発汗、下痢、頭痛などが頻繁に起こり、強い不安や恐怖を抱く障害です。性格的に内気であるとか、気後れする、あるいはあがりやすいといったことも社交不安に含まれますが、これらは症状が軽く、障害とまでは言えません。

■ 社交不安障害

- 他者の注視を浴びる社交場面において著しい恐怖または不安を感じる
- 自分の行動が否定的な評価を受けるのではないかと恐れる
- ある社交状況において常に恐怖あるいは不安が誘発される
- ある社交状況を回避するか、強い恐怖または不安を感じながら耐え忍ぶ
- 恐怖や不安が現実の危険とはなっておらず、社会文化的背景と釣り合わない
- 恐怖や不安が持続的であり、6か月以上続く
- 恐怖や不安が日常生活を送るうえで機能障害を引き起こしている

出典：American Psychiatric Association 2014 [28]

　社交不安の1つに**対人不安**があります。これは、他人から自分のことを否定的に評価されることに対して恐怖を抱く感情のことを指します。軽い症状の対人不安であれば、対人緊張、シャイ、人見知り程度です。しかし、さらに進んだ症状である対人恐怖症となると、他人から見つめられることを異常に恐れる**他者視線恐怖**、人前に出ると顔が赤くなることを心配する**赤面恐怖**、自分の表情が他人に醜いと思われていないかなどと気になってしまう**表情恐怖**（**醜形恐怖**あるいは**笑顔恐怖**）、自分の目つきや視線などが他人にどう見られているのか気になる**自己視線恐怖**などがあります。

　面白いことに、対人恐怖症の英語名として、taijin kyofusho あるいは taijin kyofusho symptoms と、日本語がそのまま使われています。対人恐怖症は、**日本文化特異症候群**（Japanese culture-specific syndrome）と解されているのです。日本には、対人場面において何らかの失敗をすることを強く恥じるという、諸外国にはない独特の文化があるのです。そのために、人前に出ると極度に緊張し、恐怖の感情が喚起されるのです。外国人と比べて、

日本人がおとなしいと評されるのも、対人恐怖という感情が根底にあるからかもしれません。

対人恐怖については、性差があることも指摘されています。男性の場合、周囲から感じられる圧迫による恐怖や他者視線恐怖がほとんどで、他人と対立しているときに恐怖や不安を感じています。一方、女性の場合は、他者視線恐怖だけでなく、赤面恐怖、醜形恐怖など、他人からどのように見られているかということに対して恐怖や不安を感じます。

不安は、自分に関係した出来事に対して、必要以上に脅威を感じて起こる場合が多いのです。不安は誰もが抱く感情であることをまず理解することが重要です。不安に注意を向けていると、そのことが気になって頭から離れず、一層不安が増幅されることになります。不安を抱くようなことがあれば、**「人間の脳は不安を感じるようにできていて、避けることはできないのだ」**と思うほうがいいのでしょう。

社交不安障害は、発症年齢が平均13歳と若いために、社交不安がその人の性格だととらえられ、治療が行われない場合が多いようです。成人になって発症することもありますが稀です。一般的に、社交不安障害の多くは、単独の発症ではなく、うつ病やその他の不安障害を併発します。また、加齢に伴い自然に症状が改善するには限界があります。自然治癒率は30〜40％であり、多くは慢性的な症状となります。

不安や恐怖によって日常生活に支障が出るような場合は、病院での治療が必要です。しかし、現在のところほとんどが、神経伝達物質であるセロトニンが不足しないようにする薬物療法です。薬物療法は不安をなくすには効果的かもしれませんが、対処療法であることに変わりはありません。現在、根本的な治療を目的と

した**認知行動療法**という治療方法が開発されつつあります。精神疾患が多くなってきている現代社会ですから、少しでも早くこの療法が確立されることが望まれます。

## ▶30
# あがり

### セロトニン神経の活性化がポイント

　気持ちに過度の負担がかかることを意味する言葉として**プレッシャー**があります。明日の早朝から重要な会議や行事がある場合など、早く寝なければと思いつつ、なかなか寝つかれないときがあります。眠ろうと思えば思うほど、目が一段と冴えてしまいます。これは心が圧迫されるプレッシャーによる、心理的ストレスが原因です。

　スポーツの試合においては、プレッシャーのためにパフォーマンスが低下することがあります。また、大勢の人の前でスピーチをしなければならない場面などでは、プレッシャーによって極度に緊張し、思い通りうまく話せないことがあります。このように、高いパフォーマンスを発揮しなければならないときに、プレッシャーによって不安感が増大し、本来の力を発揮できない状態を、一般に**あがり**（choking）と呼んでいます。

　あがりは、あがり症と病気のように呼ばれることもあります。しかし、この言葉は医学的な学術用語ではありません。あがり症は、人前で極度に緊張することを指しますが、精神障害の範疇には含められていません。あがり症よりもっとひどい症状を示す

精神障害は**社交不安障害**（P.109）です。社交不安障害と診断される人は、社交が必要な場面などでは極度の不安に駆られ、対人関係を築けなかったり、日常生活さえも影響を受けます。

多くの人が、いろいろな局面であがりを経験したことがあると思います。あがると、赤面し、動悸が激しくなり、頭の中が真っ白になり、呼吸が亢進し、汗もかくようになります。消化機能にも異変が起こり、腹痛、下痢、食欲不振などを訴える人もいます。このようなあがりに伴う生体反応をもたらすのは、自律神経系の中の交感神経系の活動が活性化するからです（表）。

■ 自律神経系の働き

| 器官 | 交感神経 | 副交感神経 |
|------|----------|------------|
| 瞳孔 | 散大 | 縮小 |
| 唾液 | 少量の濃い液 | 多量の薄い液 |
| 気管支 | 拡張 | 収縮 |
| 末梢血管 | 収縮 | 拡張 |
| 心拍数 | 増大 | 減少 |
| 血圧 | 上昇 | 低下 |
| 消化管運動 | 抑制 | 亢進 |
| 胃液・膵液 | 分泌低下 | 分泌増加 |
| 排尿 | 抑制 | 亢進 |
| 汗腺 | 分泌増加 | ―― |

ストレスの項（P.102）で述べていますが、ストレスの中の**緊急反応**はまさに交感神経系の活性化によって起こるもので、あがったときの生体反応とほぼ同じです。この反応は、スポーツの試合や人前に出て話をすることをストレッサーと感じて、生体の中ではそれに対する防御機構が作動していることを示しています。こ

ういう心身状態になると、副交感神経系を活性化させて、心身ともに落ち着かせることは非常に難しいのです。

あがりに限らず、パニック、うつなど心理的な不安が増幅する原因の1つとして、セロトニン不足が指摘されています。**セロトニン**は神経伝達物質の1つで、心身を落ち着かせる作用があります。これを増やすには、セロトニン神経を活性化させることが必要なのですが、なかなか簡単にはいきません。薬物でセロトニンを増加させること以外には、**規則正しい生活、運動、バランスのとれた栄養摂取という、健康的な生活を送ること**がセロトニン神経活性化の一助になります。

しかし、健康的な生活を送ったとしても、あがりが解消されるわけではありません。あがりやすい人は、人前で恥をかきたくないなど、失敗を恐れすぎる傾向があります。自分が他人からどのように見られているか、思われているかを考えすぎる人です。つまり、自意識が過剰な人なのです。

小学校あたりまでは、人前に立ったり、話をすることが好きだったのに、中学校・高校と進むうちにあがりやすくなり、人前に出ることが嫌になった人もいると思います。思春期を迎え、自意識が芽生えてくるとあがるようになるのです。一方、年をとっても、たとえば結婚式などで来賓や友人代表として流暢に面白おかしく話をし、あがりという言葉に縁がない人も確かにいます。どんなに緊迫した場面であっても、普段の自分の姿で自由に振る舞える人です。このように緊張しない人は、そもそもの性格もそうでしょうし、その場面に慣れているということもあるのでしょう。

しかし、多くの人は、あがりに負けないように努力しているはずです。たとえば、スピーチをする必要があれば、自信がつくま

でその練習を何回も繰り返すのです。そうするとあがらないでスピーチができるようになります。

スポーツの試合であがらないようにするには、自然と体が動くようになるまでトレーニングを積む必要があります。本番のように練習・行動を繰り返すことによって、プレッシャーに弱いという自分自身の弱点を補うことができ、あがらなくなる限界が広がります。

## ▶31
## やる気の創出
やる気は、健全な身体によって喚起される

やる気が出てきた、あるいはやる気がなくなったなど、**やる気**という言葉は日常会話の中でよく使われています。とても分かりやすい言葉ですが、心理学などの学問領域の専門用語ではありません。やる気は、物事を積極的に実行する意欲のことを指しており、心理学用語では**動機**あるいは**動機づけ**がこれに近い言葉です。動機があったり動機づけがなされると、やる気が起こってきます。

やる気を起こさせる動機づけには、報酬を得ることによって高められる**外発的動機づけ**と、自発的な意思によって高められる**内発的動機づけ**があります。友人とゴルフをするときに、成績の悪いほうが夕食をごちそうするとなると外発的動機づけになります。ゴルフすること自体が面白く、いいスコアを出すことを目標とすると内発的動機づけになります。さらに、内発的動機づけは、

表に示しているように、目的に応じていくつかの動機づけに分けられています。

■ やる気を起こさせる動機づけ

| 大分類 | 小分類 | 説明 |
|---|---|---|
| 内発的動機づけ | | 自分自身の満足感が目的 |
| | 好奇動機 | 新しいことを経験することが目的 |
| | 活動動機 | 身体活動をすることが目的 |
| | 操作動機 | 動かして仕組みを解明することが目的 |
| | 認知動機 | 情報を関連づけ、整理するのが目的 |
| 外発的動機づけ | | 外部報酬を得ることが目的 |
| 社会的動機づけ | | 他人や環境と関連する動機 |
| | 親和動機 | 他人と仲よくなることが目的 |
| | 攻撃動機 | 仕返しなど他人を攻撃することが目的 |
| | 達成動機 | 目標を達成することが目的 |

　外発的動機づけと内発的動機づけは、いずれも個人的な動機によって生じる、やる気に影響する要因です。一方、自分自身のことではなく、他人あるいは自分をとりまく環境によってやる気を起こさせる動機づけは、**社会的動機づけ**と呼ばれています（上の表を参照）。他人と仲よくなることが目的の親和動機、何らかの目標を立てそれを達成することが目的の達成動機などがこれにあたります。

　脳梗塞や脳出血で半身不随になる人は少なくありません。半身不随に限らず、脳神経系の怪我や病気では、筋肉が麻痺して運動障害が起こります。このような状態になると、機能回復のためにリハビリテーションを行うことになります。この**リハビリテーション効果は、やる気や意欲によって大きく変わる**ことが知られ

ています。

サルを使った実験ですが、頚髄損傷により麻痺した手指が、1か月程度で回復し、この運動機能回復過程と脳機能の関係を明らかにした興味深い研究があります[29]。大脳の前のほう（前脳）に神経細胞が集まっている**側坐核**というものがあります。側坐核は、左右の大脳半球にそれぞれ1つ存在しています。頚髄を損傷したサルでは、この神経細胞の活動が損傷前に比べて増大したのです。そして、この活動は大脳皮質運動野の活動と相関していました。**運動野**は、自分の意思で筋肉を動かす随意運動を制御している大脳皮質の部位です。側坐核が運動野を刺激して、機能回復を促進させていたのです。側坐核は、サルのリハビリテーションに対するやる気をコントロールしていると考えられています。

**人間の側坐核も、やる気を喚起させる中枢**です。側坐核からは、神経伝達物質であるドーパミンが分泌されます。**ドーパミン**はやる気、快感、運動調整、ホルモン調節などに関連していて、人間の身体を調整しているとても重要な物質です。パーキンソン病やうつ病などはドーパミンの不足が一因とされています。ドーパミンは、アドレナリン、ノルアドレナリンの前駆体でもあるので、これらの神経伝達物質もやる気に関係していると考えられています。しかし、やる気や意欲を起こさせる中心的な役割を果たしているのはドーパミンです。なお、**前駆体**とは、ある物質が生成される前の段階にある物質を指します。

人間の行動にとって、やる気は非常に重要です。しかし、当初、やる気が十分あっても、失敗を重ねているうちにやる気をなくし、無力感を抱くこともあります。また、**燃え尽き症候群（バーンアウト症候群）**は、仕事などに打ち込んできた人が、やる気をなく

してしまう現象です。燃え尽き症候群では、人生や仕事に対する不満から、職務怠慢となり、うつ病やアルコール依存症などに罹患することもあります。

それでは、やる気を出すにはどうすればいいのでしょうか。ドーパミンが増えるように脳を刺激すればいいのです。もちろん容易ではありませんが、理論的には側坐核を刺激すればいいことになります。側坐核を刺激するのによいと一般に言われているのは、スポーツや運動で身体を動かすことです。「健全なる精神は健全なる身体に宿る」という名言があるように、**身体を健全にすることによって精神状態もよくなり、やる気の限界を拡張できる**のです。

## ▶32 記憶力

人間の長期記憶には限界がない

**記憶**は、経験した情報を記銘し（覚え込み）、記銘された事柄を保持し、保持された内容を必要に応じて想起（再生）あるいは再認する時間的過程のことを指します。**想起**は、記銘した内容を再現する形式であるのに対し、**再認**は再現する必要はなく、最初の情報とその後の情報が同一であるかどうかを認知することです。

人間の記憶は、コンピューターの情報量にしてどの程度なのでしょうか？ 人間の脳は、大脳で数百億個、小脳で1000億個、脳全体では千数百億個もの神経細胞で構成されています。脳細胞

の数に応じて記憶量が決まるとしたら、人間の記憶には限りが
あると言えるでしょう。しかし実際には、**人間の記憶量には限界
がない**と言われています。

　アメリカ・ノースウェスタン大学のポール・レバー教授は、「合
理的な計算方法に基づくと、人間の脳のデータ容量は数ペタバ
イト（PB）にも及ぶ」と発言しています。1PBは1024テラバイト
（TB）であり、書類をめいっぱい収納した4段式キャビネット2000
万個分の文字情報に相当します。HD（high definition、高解像度）
品質の映像データ量で表すなら、13.3年分に匹敵します。つまり、
人間の脳は、私たちの身の回りのPC、スマートフォン、ハード
ディスクなどとは比べようがないほど膨大な容量なのです。

　もちろん、人間の脳の作りは電子機器以上に複雑であるため、
データ容量と並べて比較するのは無理があります。ほとんどの人
が、自分の脳の容量が数PBと言われても、納得するのは難しい
でしょう。

　人間の記憶は、数秒単位の極めて短い時間内に生じる短期記
憶と、数分から数十年にわたる長期記憶に分けられます（次ペー
ジの図を参照）。人間の記憶量には限界がないと前述しましたが、
記憶される期間が一般的に数秒から数十秒とされる短期記憶に
関しては、その容量は無限ではなく、上限は「マジックナンバー7」
であると、心理学者のジョージ・ミラーが発表しています。人間
の短期記憶においてはランダムなアルファベット7つしか覚えるこ
とができないということです。しかし、この短期記憶は、リハー
サル（記憶すべきことを何らかの方法で唱えること）を繰り返す
ことによって、長期記憶に移行します。そしてこの長期記憶は、
短期記憶と違い、限界がないと言われているのです。

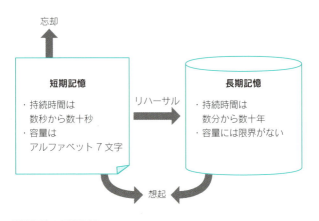

■ 短期記憶と長期記憶

「記憶力がよい」という表現を私たちは日常的に使います。しかし実際には、**記憶能力の個人差はあまりない**とされています。一般的に記憶力がよいとされる人は、短期記憶を何度もリハーサルして、長期記憶として脳に残しているのです。

一方で、老化に伴う記憶能力の低下を日々感じている人は多いと思います。10〜20歳代のころはすぐに覚えられた10桁の電話番号が、年齢を重ねるとともに覚えにくくなったと感じたことはないでしょうか。確かに、人間の身体は40歳代を過ぎると、脳の前頭葉と呼ばれる脳組織が老化し始めます。前頭葉は長期記憶の保持の役割を担っているため、老化に伴い私たちは記憶力の低下を感じるのです。さらに、脳細胞組織の老化・減少だけでなく、脳全体が委縮した場合には、**老人性認知症**と呼ばれる記憶障害を引き起こします(認知限界の項(P.131)を参照)。

ただし、老化による記憶力の低下は短期記憶には関係がないと言われています。ドイツの心理学者エビングハウスは、無意味

な言葉の丸暗記から「忘却は覚えた直後に進む」という法則を発見し、そこには年齢差は関係ないことを示しています。つまり、私たちは40、50、60と年を重ねていっても、短期記憶で覚えた内容について、意欲的にリハーサルを繰り返すことによって、10〜20歳代に劣らない記憶力を保ち続けることが可能なのです。

このように、老化による脳細胞の劣化という要因は記憶力に多少の影響を及ぼしますが、人間の長期記憶には限界はなく、個人の努力や意識によって、大容量のハードディスク以上の物事を記憶することが可能です。ただし、短期記憶を長期記憶として定着させるためには、少なからず時間がかかります。人間の記憶の限界があるとすれば、人の生きている期間、つまりは寿命に準ずるのではないでしょうか。

## ▶33 睡眠不足

**睡眠時間7〜8時間が最も死亡率が低い**

日本人の睡眠時間は、調査機関や調査対象者によって結果は多少異なりますが、**世界でも有数の短時間睡眠民族**であることは間違いありません。忙しくて寝る時間がない人もいるでしょうし、睡眠障害によって睡眠時間が十分にとれない人も少なくないようです。2015年の国民栄養・健康調査によると、睡眠時間が6時間以下の人の割合は約4割に達し、特に働き盛りである男性の30〜50歳、女性の40〜50歳ではその割合がさらに高くなっています。

慢性的な睡眠不足は**睡眠負債**と呼ばれていて、毎日のわずかな睡眠不足であってもそれが積み重なって、大きな借金（負債）となってしまうのです。負債が蓄積した結果、脳機能が低下し、仕事がはかどらなかったり、うつ病や不安障害の発症率が高まります。さらに、睡眠負債の蓄積は、糖尿病、高血圧、認知症などと関連することも科学的に証明されています。

それでは、睡眠負債が生じないような睡眠時間はいったいどれくらいでしょうか？

フランスの皇帝であったナポレオンの睡眠が毎日3時間程度であったというのは有名な話です。もっとも、移動する馬上などでうとうとしていたそうなので、実際にはもう少し長かったと思われます。しかし、この3時間は、科学的には重要な意味がある時間です。

人間が寝つくと、まず浅い睡眠である1段階から始まり、深い睡眠である4段階まで進みます（**ノンレム睡眠、NREM睡眠**）。そして、眼球が急速に動き回る**レム睡眠（REM睡眠）**となり、再び1段階から深い睡眠へと進んでいきます（なお、REMとはrapid eye movementの略です）。このノンレム睡眠からレム睡眠までを1つの睡眠周期として、正常な睡眠であればこの周期が一晩に4〜5回繰り返されます。

そして、いわゆる**熟睡**と呼ばれている深い睡眠は、最初の2つの睡眠周期にほとんど含まれています。4回目や5回目の睡眠周期には深い睡眠はほとんど現れず、浅い睡眠だけとなります。したがって、ナポレオンの3時間睡眠は、熟睡である深い睡眠は十分とっていたことになります。

それでは、睡眠時間はナポレオンと同じように3時間でいいかというと、決してそうではありません。睡眠時間と死亡率の関係

を調査した研究では、**睡眠時間7〜8時間の人が最も死亡率が低く**、これより短くても長くても死亡率は増加することが明らかにされています。また、睡眠時間が6時間以下の人は、7時間寝ている人より乳がんの発症リスクが1.6倍になったとする研究もあります。

　睡眠時間が短いと肥満傾向になることも指摘されており、女性を対象とした研究では、睡眠時間7時間の人が最も体格指数（体格を把握するための、BMIなどの指数）が低かったと報告されています。さらに、肥満、高血圧、高コレステロールなどの心臓病危険因子が高い人で、睡眠時間が6時間以下であれば、心臓病や脳卒中による死亡率は2.1倍高いという研究結果もあります。

　このような研究結果をまとめてみると、**睡眠負債が蓄積しないように、できれば7時間の睡眠時間は確保したい**ところです。どうしても7時間の睡眠時間がとれないとしても、健康などへの影響を考えると、6時間の睡眠は必要です。6時間睡眠は健康などへの影響を考えると許容限界かもしれません。ただし、6時間睡眠では、睡眠負債が蓄積している可能性があります。

　睡眠負債の解消は、不足している睡眠時間を補うこと以外に方法はありません。ただし週末や休日に普段より長く眠ることは、生活リズム（サーカディアンリズム、P.23）を乱す原因になります。リズムが乱れると、睡眠への影響は大きいので、かえって睡眠負債が増えることになりかねません。

　日中に15分程度の昼寝をすることは有効です。ただし、昼寝の時間が長くなると、午後の仕事に影響したり、夜の寝るべき時間に眠れなかったりするので、20分以内に抑えたほうがいいでしょう。

■ 健康づくりのための睡眠指針2014（厚生労働省）

~睡眠12箇条~

1. 良い睡眠で、からだもこころも健康に。
2. 適度な運動、しっかり朝食、ねむりとめざめのメリハリを。
3. 良い睡眠は、生活習慣病予防につながります。
4. 睡眠による休養感は、こころの健康に重要です。
5. 年齢や季節に応じて、ひるまの眠気で困らない程度の睡眠を。
6. 良い睡眠のためには、環境づくりも重要です。
7. 若年世代は夜更かし避けて、体内時計のリズムを保つ。
8. 勤労世代の疲労回復・能率アップに、毎日十分な睡眠を。
9. 熟年世代は朝晩メリハリ、ひるまに適度な運動で良い睡眠。
10. 眠くなってから寝床に入り、起きる時刻は遅らせない。
11. いつもと違う睡眠には、要注意。
12. 眠れない、その苦しみをかかえずに、専門家に相談を。

出典：厚生労働省 2014 [30]

# ▶34 覚醒限界

### 断眠時間の世界記録は266時間

　**覚醒**とは、目が覚めている状態で、通常は**睡眠**と対をなす言葉として使われています。覚醒と似たようなことを意味する言葉として、「意識」があります。**意識水準**は、意識の清明（明瞭）性のことを指し、**覚醒水準**とも呼ばれています。たとえば、酒に酔って酩酊（めいてい）しているときは、意識水準の清明性が低下した状態であり、覚醒水準は低下しています。このように、覚醒度が低下した正常ではない状態を、**意識混濁**（こんだく）と言います。意識混濁が軽い状

態を昏蒙と言い、重度の意識混濁となると意識喪失になります。意識混濁のどこまでを覚醒とするかは難しい問題で、覚醒を定義するのは容易ではありません。

覚醒を客観的に判断するには、脳波が有効です（図）。脳波は脳の活動状態、特に大脳皮質の活動水準と関係しており、意識水準とよく対応しています。脳波は周波数により、δ波（4Hz未満）、θ波（4〜8Hz未満）、α波（8〜13Hz未満）、およびβ波（13Hz以上）に分けられます。覚醒水準が高いほど周波数の高い波が優勢となり、覚醒水準が低下すると周波数の低い波が優勢になります。覚醒時にはα波帯域以上の速波となります。

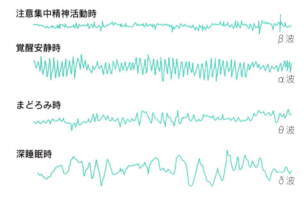

■ 覚醒と睡眠脳波
出典：片野由美, 内田勝雄 2015 [31]

最近は、麻雀人口は激減しているそうですが、年配の方の中には、若いころ徹夜で麻雀をしたことがある人も少なくないと思います。麻雀をしているときには楽しいのですが、徹夜明けは眠くて頭がすっきりせず、苦しい思いをするものです。もちろん麻雀に限らず、仕事で徹夜をしても、徹夜明けの体調不良は同じ

ことです。それでは、人間は何時間眠らないで過ごすことができるのでしょうか？　この人間の限界を解明するために、1950年から60年代にかけて、人間の断眠実験が盛んに行われました。

　当時の断眠時間世界記録は、アメリカで1964年のクリスマス休暇に17歳の男子高校生ランディー・ガードナーさんが達成した**264時間12分**です。実に11日間眠らなかったのです。実験の際は、2人の親友が付き添って励まし続けました。このような断眠実験では、本当に覚醒しているのかという問題があります。目を開けていて外見は起きているように見えても、脳が活動していなくて睡眠状態のことがあるからです。この断眠実験でも、数秒の眠りであるマイクロスリープが出現していた可能性は否定できません。そのため、最後の90時間は、スタンフォード大学の3人の睡眠研究者が立ち会い、このときは覚醒状態であることが確認されました。

　ガードナーさんは断眠2日目には視力が低下し、4〜5日目にはイライラしたり落ち込んだりと神経過敏になりました。また、白日夢、記憶障害、知覚障害などが認められました。その後、幻覚症状が現れ、話ができなくなり、指の震えなども出現しました。これだけの長い時間、眠らないでいると、身体に異常が起こると考えられます。驚くべきは、11日間の断眠を終えた後、たった半日程度（14時間40分）眠っただけで身体の状態が回復したことです。

　ガードナーさんを上回る記録を出したのは、イギリス人のトニー・ライトさんでした。2007年5月に行われた断眠実験では、その模様をカメラで撮影し、インターネットでライブ配信しながら、世界最長となる**266時間**の断眠記録を達成したのです。現在、断眠の記録はギネスブックには掲載されていません。断眠は身体

への危険が伴うというのがその理由だそうです。

　ガードナーさんが断眠後の短い睡眠時間で身体を回復させたことから分かるように、睡眠は単なる活動停止状態ではありません。人間にとって**高度な生理機能に支えられた適応行動であり、生体防御技術でもある**のです。睡眠を十分にとることができない不眠症は、ときとして命を削っていくこともあります。指定難病の1つである**致死性家族性不眠症**は、眠ることができない病気です。

　この病気は、視床と呼ばれる脳の部位の神経細胞が変性し、夜に眠れず、逆に興奮状態となったり、幻覚、記憶力低下などの症状が出てきます。発症後、1年前後で意識がなくなって寝たきりの状態となり、衰弱の末、死に至ります。40～50歳代で発症することが多く、遺伝性の病気で、日本ではごく少数の家系に見出されています。

　睡眠不足の項(P.121)で述べているように、睡眠時間は7時間が理想です。そうなると、覚醒している時間は17時間となります。健康のためには、毎日規則正しく17時間起きているようにしたほうがいいでしょう。

### ▶35
## 適応障害
適応障害はうつ病の前段階

　精神障害の診断基準として世界的に用いられているものに、世界保健機関(WHO)による「**疾病および関連保健問題の国際統計分類(ICD)**」と、アメリカ精神医学会による「**精神障害の診断と**

統計マニュアル (DSM)」があります。これらの基準は研究が進むにつれて改訂版が出され続けており、精神障害の診断を正確に行うのは難しいことを示しています。

適応障害は、上記の2つの診断基準において、急性ストレス反応（ASD）、心的外傷後ストレス障害（PTSD）やその他のストレス反応とともに、ストレス関連障害に含まれています。ASDは、戦争、事故、虐待など生死にかかわるような強いショックを受けることによって生じるストレス障害です。ASDは、ストレスが起こった時点から4週間以内に発症し、数日から1か月以内に自然治癒する一過性の精神障害です。これが1か月以上続くと、PTSDと診断されます。PTSDを発症すると、うつ病や不安障害を併発する人も少なくありません。

適応障害は、明確に特定できるストレスによって、精神的にも行動的にも障害を受け、社会的機能が顕著に損なわれている状態のことを指します。精神的には、憂うつな気分や不安感が強くなったりします。行動的には、会社や会議などの無断欠勤・欠席、暴飲暴食などが見られます。さらに、他人に対する傷害、物を壊す、無謀運転などの攻撃的な症状が現れるのも特徴の1つです。

適応障害では、ストレスとなる原因がはっきりしているので、この原因から遠ざかったり、原因がなくなると症状は消失します。たとえば、職場で仕事や人間関係などのトラブルが原因でストレスとなるようなことを経験したとします。職場に行くとそのストレスのために、気分が悪くなったり、過度に緊張することによって体調が悪くなることがあるかもしれません。しかし、週末の休日には職場のストレスから離れることができるので、精神的・行動的症状が出なくなります。

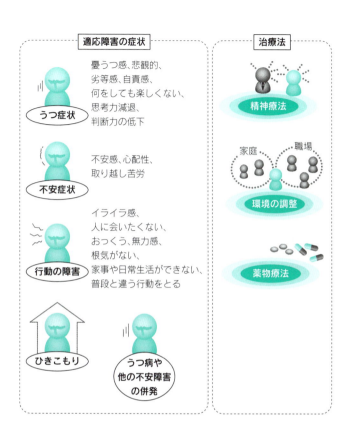

■ 適応障害の症状と治療法

　ストレスの原因を長期間にわたって取り除くことができなければ、症状が慢性化してしまいます。ICD（第10版）によると、適応障害はストレスが発生して1か月以内に発症し、ストレスがなくなると6か月以上症状が継続することはないとされています。6か月以上続くと、うつ病へと進行していく可能性が高くなります。したがって、**適応障害の持続は、6か月が許容限界**です。

適応障害とうつ病はよく似た症状を示します。うつ病は、適応障害よりも症状の持続が長く、またストレスの原因となっていることから離れたとしても、症状は改善されません。適応障害と診断された人のうち半数近くが、その5年後にはうつ病と診断されたという報告があります。このような観点からすると、**適応障害はうつ病の前段階の疾患**と考えることができます。

　適応障害と診断された人数の正確な統計記録は発表されていません。厚生労働省の調査によると、うつ病の患者数は2011年から2014年までは年間約70万人で推移しています。適応障害はうつ病の前段階であり、すべての適応障害患者がうつ病になるわけではないことを考えると、適応障害の罹患者数はかなりの数になることが推測されます。実際、ヨーロッパの研究では、適応障害の有病率は人口の1%という結果も発表されています。日本の人口の1%は約120万人で、適応障害の罹患者数はおそらくこの数字に近いのだろうと思われます。

　適応障害を避けるには、ストレスとなる原因を取り除くことです。しかし、ストレスを感じるのは、職場や家庭など、どうしても避けることができない場所であることが少なくありません。ストレスの原因を除去できない、あるいは回避できないことも多いと思います。もう1つの対策は、**ストレスに対する適応力を高める**ことです。適応力を向上させるには、適度の休養をとったり、趣味を持ったり、身体を動かす積極的な休息が重要になってきます。このように、日ごろからストレスを発散できるような生活態度をとることによって、適応力の限界を広げておくことが大切です。

■ うつ状態の診断と治療の目安

|  | 診断 | 治療 |
| --- | --- | --- |
| うつ病 | 典型的うつ症状 | 抗うつ薬 |
|  | 2週間以上持続 | しばらく療養 |
|  | 日内変動（朝が悪い） | 環境調整 |
| 気分変調症<br>（抑うつ神経症） | 軽うつ症状が持続 | 抗うつ薬 |
|  | 他罰傾向がある | カウンセリング |
| 双極性障害<br>（躁うつ病） | 家族歴・既往歴が多い | 気分安定薬 |
|  | 過去に躁的エピソード | 気分安定薬 |
| 適応障害 | 明瞭な心因がある | 一時休養 |
|  | 一過性うつ状態 | 環境調整 |

▶36

## 認知限界

早い時期に気づき、進行を抑えることが大事

　厚生労働省による**認知症**の定義は、「生後いったん正常に発達した種々の精神機能が慢性的に減退・消失することで、日常生活・社会生活を営めない状態」です。認知症の患者数は、高齢化社会が進むにつれて指数関数的な増加を示しています。内閣府の予想によると、2020年には600万人、2060年には800万人から1200万人の範囲になるとしています（次ページの図を参照）。認知症対策は、我が国の最も重要な課題の1つです。

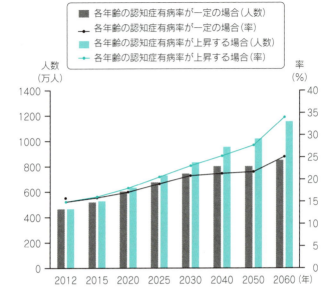

■ 65歳以上の認知症患者数の将来の推移
出典：内閣府 2014 [32]

　日本で認知症の診断に用いられている質問紙法は、**長谷川式認知症スケール**です。これは、精神科医の長谷川和夫さんによって開発されました。30点満点で、20点以下であれば認知症の疑いが高いと考えられます。

　もちろん、このテスト結果によって、認知症と診断されるものではありません。しかし簡便ですし、広く使われているということは有効であることの証左でもあります。このテスト結果の20点を認知機能の許容限界と考えていいでしょう。

■ 長谷川式認知症スケールの設問と採点方法

| 設問 | 採点方法 |
|------|----------|
| **問1**. 年はいくつですか？（1点満点） | 2年までの誤差は正解、正解は1点 |
| **問2**. 今日は何年の何月何日ですか？何曜日ですか？（4点満点） | 年・月・日・曜日が正解ならそれぞれ1点 |
| **問3**. 私たちが今いるところはどこですか？（正答がないときは5秒後にヒントを与える）（2点満点） | 自発的に答えられたら2点。5秒おいて「家ですか？ 病院ですか？ 施設ですか？」の中から正しい選択ができたら1点 |
| **問4**. これから言う3つの言葉を言ってみてください。あとの設問でまた聞きますのでよく覚えておいてください。（3点満点）<br>次の系列のいずれか1つで行う。<br>系列1：ⓐ桜 ⓑ猫 ⓒ電車<br>系列2：ⓐ梅 ⓑ犬 ⓒ自動車 | 3つ正解なら3点、2つ正解なら2点、1つ正解なら1点 |
| **問5**. 100から7を順番に引いてください。ⓐ100—7は？ ⓑそれから7を引くと？（ⓐに正解のときのみⓑも行う）（2点満点） | ⓐが正解なら1点、ⓑも正解ならさらに1点 |
| **問6**. これから言う数字を逆から言ってください。ⓐ6—8—2、ⓑ3—5—2—9（ⓐに正解のときのみⓑも行う）（2点満点） | ⓐが正解なら1点、ⓑも正解ならさらに1点 |
| **問7**. 先ほど覚えてもらった言葉（問4の3つの言葉）をもう一度言ってください。（6点満点） | 自発的に答えられた1つの言葉につき各2点。正答が出なかった言葉にはヒントを与える。ヒント「ⓐ植物 ⓑ動物 ⓒ乗り物」を与えたとき正解できた1つの言葉につき各1点 |
| **問8**. これから5つの品物を見せます。それを隠しますので何があったか言ってください。（5点満点）<br>1つずつ名前を言いながら並べて、覚えさせる。次に隠す。時計、くし、はさみ、たばこ、ペンなど、必ず相互に無関係なものを使う。 | 正解1つにつき各1点 |

**3**

心理機能

| 問9. 知っている野菜の名前をできるだけ多く言ってください。（5点満点）<br>答えた野菜の名前を記入する。途中で詰まり、約10秒待っても出ない場合にはそこで打ち切る。 | 正答数が10個以上なら5点、9個なら4点、8個なら3点、7個なら2点、6個なら1点、0～5個なら0点 |
| --- | --- |

出典：加藤伸司，長谷川和夫 ほか 1991 [33]

■ 認知症の重症度別の平均点

| 重症度 | 平均点 |
| --- | --- |
| 非認知症 | 24.3点 |
| 軽度認知症 | 19.1点 |
| 中等度認知症 | 15.4点 |
| やや高度認知症 | 10.7点 |
| 高度認知症 | 4.0点 |

　認知症の診断基準として世界的に用いられているのは、アメリカ精神医学会による「**精神障害の診断と統計マニュアル（DSM）**」です。DSMはおよそ10年ごとに改訂されていて、1994年に発表された第4版と2013年の第5版では、認知症の定義に違いが見られます。

　第5版では、認知症（dementia）に代わって**神経認知障害**（neurocognitive disorders）という疾患名が使われています。神経認知障害という言葉を使う理由は、認知症という言葉には、高齢者特有の疾患であり、呆けや痴呆など差別的意味合いも含まれているからです。第5版の診断基準では、複雑性注意、実行機能、学習と記憶、言語、知覚－運動、および社会的認知の6つの神経認知領域のうち、1つ以上の領域において認知機能障害があることとしています。**複雑性注意**というのは、注意を持続できなかったり、複数の刺激があると注意力が低下したりすることなど

を意味します。

神経認知障害には、**大神経認知障害**（major neurocognitive disorder）と**小神経認知障害**（mild neurocognitive disorder）が含まれています。この両者の違いは、日常生活の自立度の違いです。**日常生活動作**（**ADL**、activities of daily living）に援助が必要な場合は大神経認知障害、必要なければ小神経認知障害となります。小神経認知障害には、従来の軽度認知障害（mild cognitive impairment）が含まれます。

認知症はその原因によって細分化されています。主な認知症としては、アルツハイマー型認知症、脳血管型認知症、およびレビー小体型認知症があり、これらを**三大認知症**と呼んでいます。また、前頭側頭型認知症を加えて、**四大認知症**と呼ばれることもあります。

認知症のうち、我が国で一番多いのは**アルツハイマー型認知症**です。アルツハイマー型認知症は、ドイツの精神科医であったアロイス・アルツハイマー医師が最初に症例報告をしたことに由来して命名されました。日本では認知症の50～60％程度を占めていて、男性よりも女性に多く見られます。アルツハイマー型認知症の症状は、物忘れ、判断力低下、人を誰だか認識できない、今いる場所が分からないといった見当識障害などです。発症の原因については、脳の萎縮や、脳に特殊なタンパク質（アミロイドβ）が溜まり、神経細胞が死んでしまうために起こると考えられていますが、まだ全容は解明されていません。

次に多いのは、脳梗塞や脳出血といった脳血管障害による**脳血管性認知症**です。認知症の20～30％を占めるとされています。脳血管の梗塞や出血によって酸素や栄養が脳細胞に送られなくなり、細胞が壊死することによって起こる認知症です。女性より

男性が多いとされており、アルツハイマー型認知症を併発している場合も少なくありません（混合型認知症）。脳血管の動脈硬化が主な原因と考えられており、高血圧、糖尿病、脂質異常症、喫煙などの生活習慣によって発症します。

**レビー小体型認知症**は、レビー小体という異常な物質が脳幹や大脳皮質に多く集まり、神経細胞が壊死することによって起こる認知症です。認知症の10〜20％程度を占めるとされていて、男性の発生率は女性の2倍程度と考えられています。レビー小体はパーキンソン病との関係も指摘されていて、レビー小体型認知症の人はパーキンソン病に似た症状を示すことがあります。レビー小体は、アルツハイマーとともに研究活動をしていたフレデリック・レビーが発見したことにより命名されました。

**前頭側頭型認知症**の原因はまだ分かっていませんが、脳の前頭葉や側頭葉の神経細胞が壊死し、これらの部位が委縮することによって発症します。認知症特有の物忘れや失語はあまり観察されず、他人に配慮することなく身勝手に行動するなどの異常が現れます。

認知症の前段階は**軽度認知障害**です。軽度認知障害になると、適切な対応をしなければ認知症になる確率が高まることが指摘されています。軽度認知障害の定義は、下記の5つがすべて当てはまることです。

1. 物忘れを自覚している。
2. 記憶障害がある（新しいことを覚えられない、維持できない、思い出せない）。
3. 認知機能は保たれている。

4. 日常生活はできる。
5. 認知症ではない。

　認知症を完治させる方法は現段階ではありません。**早い時期に軽度認知障害に気づき、認知症の進行を抑えることが大事**です。人の輪の中に入り対話を活発にし、定期的な身体活動や運動を行い、栄養バランスのとれた食習慣とするなど、脳の状態を良好に保つ工夫が必要でしょう。

　認知症は高齢者だけの問題ではありません。65歳未満で起こる認知症は、**若年性認知症**と呼ばれています（次の図を参照）。

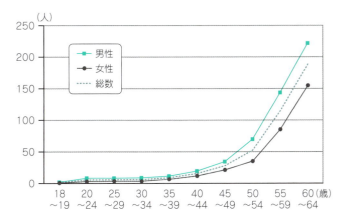

■ 年代別若年性認知症者数（10万人あたり）
出典：厚生労働省 2009 [34]

　厚生労働省の調査によると（2009年）、その数は3万7800人、発症年齢の平均は51.3歳と推計されています。原因となった疾患は、脳血管性認知症（39.8％）、アルツハイマー型認知症（25.4％）、頭部外傷後遺症（7.7％）などです（次ページの図を参照）。

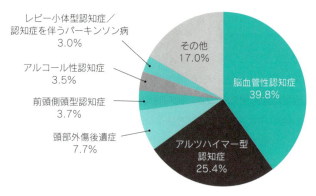

■ 若年性認知症の基礎疾患の内訳
出典:厚生労働省 2010 [34]

　家族が最初に気づいた症状は、もの忘れ(50.0%)、行動の変化(28.0%)、性格の変化(12.0%)、言語障害(10.0%)です。

　認知症となった親御さんなどの介護をした経験がある方も少なくないと思います。今後、ますます認知症の患者数は増えるわけですから、介護のあり方は重要な課題です。介護施設だけでなく、家庭内においても、認知症を患っている高齢者を虐待したという報道が頻繁になされています。確かに、認知症とは分かっていても、何度言っても理解してくれないときには腹立たしく感じられたり、毎日の介護に疲れ果てることもあると思います。

　しかし、認知症であっても健常な人と同じように生きていく権利があることは言うまでもありません。そのためには、認知症を正しく理解し、人間として接し、正しい介護法を身につけなければなりません。

# ▶37

## 受動的学習と能動的学習

### 問題点を発見して解決する能力をいかに養うか

　日本の大学における典型的な授業方法は、先生が一方的に講義をし、学生は講義された内容を一生懸命覚えたり理解したりして、知識を頭に詰め込んでいく方式でした。この方法ならば、知識は増えるかもしれませんが、学生はその知識の応用方法を醸成することはできません。日本の学生は外国の学生と比べて、討論の場において自分の意見をうまくまとめて発表するのが苦手であると言われていました。これなどは、考える教育ではなく、受け身の学習（**受動的学習**）をしてきたことも要因の1つだと思われます。

　受動的学習では、学生は教員の話を聞いていない可能性があります。授業の最初のほうの時間では、注意は多少なりとも教員の話に向いているのでしょうが、一般的な大学の授業時間である90分間も教員の話に注意を集中することには無理があります。また、試験のときは一生懸命勉強して覚えるかもしれませんが、その後は興味のないことであればほとんど忘れてしまいます。このように、受動的学習には、教育効果に限界があることは明らかです。

　さらに、今の時代、情報は満ちあふれています。知識や情報を得ようとするなら、インターネット、書籍、マスコミュニケーションなどからいくらでも手に入ります。大学の教育の中では、知識を詰め込むような授業の必要性は少なくなってきました。大学教育の役割も時代とともに変化しているのです。現在の大学教育では、得られた知識を利用して、さまざまな分野における問題点

を発見し、その問題点を解決する能力を養わなければなりません。つまり、従来の受動的学習から、受講者が主体的に物事を考える**能動的学習**に変える必要があるのです。

能動的学習のことを**アクティブラーニング**と言います。日本人は英語のカタカナ表記が大好きです。特に、日本語を大事にしなければならないはずの文部科学省は、法令関係は別として、率先してカタカナ英語を使っています。近い将来、日本語の文章はカタカナだらけになるのではないかと危惧されるほどです。教育界においては、能動的学習という日本語表記はまったくと言っていいほど使われておらず、アクティブラーニングが（おそらく）正式な日本語となっています。

文部科学省の日本語表記問題はさておき、受動的学習では考える力、討論する力、問題を解決する力などを養うには限界があることは確かです。そのため、文部科学省中央教育審議会（中教審）は「新たな未来を築くための大学教育の質的転換に向けて～生涯学び続け、主体的に考える力を育成する大学へ～」という長い題目の答申を2012年8月28日に発表し、大学教育において受動的教育から能動的教育への質的転換が必要であることを指摘しました。

文部科学省は、「グローバル化や情報化の進展、少子高齢化など社会の急激な変化は、我が国の社会のあるゆる側面に影響し、将来の予測が困難な時代を迎えている」としています。そのために、産業界や地域社会は、予測困難な次代を切り拓く人材育成や学術研究に期待しており、これに応えるために大学教育の質的転換が必要となってくるのです。

大学の学士課程教育では、ディスカッション（討論・議論）やディベート（賛否に分かれて行う討論）などの双方向の授業や、イ

ンターンシップ等の教室外学習プログラムによる、学生の主体的な学修を促す教育が求められています。この教育方法が、アクティブラーニングなのです。大学では少人数教育で行われているいわゆるゼミ系の授業は、以前からアクティブラーニング形式が多かったと思われます。しかし、受講生が多い場合は講義形式が多く、そのような場合にどのようにしてアクティブラーニングを行うかは重要な課題です。

2014年11月20日に当時の文部科学大臣から中教審に出された、初等中等教育における教育課程に関する諮問の中に、アクティブラーニングという言葉が使われました。当初、アクティブラーニングは、大人数に対して講義を行うことが多い大学教育の改善のために使用された言葉でした。それが小中高校まで広がったことになります。

しかし、2017年2月14日に小中学校の学習指導要領改訂案が公示されましたが、そこにはアクティブラーニングという言葉がすべてなくなっていました。学習指導要領は法令ではありませんが、法的拘束力を有すると判断されているので、アクティブラーニングという英語のカタカナ表記を避けたのかもしれません。アクティブラーニングに代わって「主体的・対話的で深い学び」という言葉が使われています。

大学で200人を超える学生を相手に一方的な講義をするとします。200人全員の注意を講義に向けさせ、さらに最後までそれを持続させるのは極めて難しいと思われます。アクティブラーニングを大人数でも実行できるならば、それに越したことはありません。アクティブラーニングは、学生の教育面から考えるととても有効な手法です。アクティブラーニングの教育効果の限界を決めるのは、教員の努力、熱心さなのかもしれません。

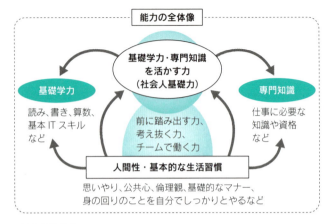

■ 社会人基礎力
出典：経済産業省[35]

## ▶38

# フローとゾーン

### ゾーンは人間の集中力の限界

　時間が経つのもお腹がすくのも忘れてしまうほど、あることに没頭した経験を多くの人が持っていると思います。学生時代に、難解な数学や物理の問題を一生懸命考えて、気がついたら朝になっていたことはないでしょうか。あるいは、小説やスマートフォンなどのゲームに熱中しすぎて、降りる駅を通り過ぎてしまったことはないでしょうか。あることにあまりにも集中しすぎたときなど、周りのことが見えなくなってしまうことがあります。このように、自分が行っていることに完全にのめり込み、精神的に高度

に集中し、楽しんでいる状態のことを**フロー**（flow）と言います。

このフロー理論と呼ばれている概念を提唱したのは、ハンガリー系アメリカ人であるミハイ・チクセントミハイ教授です。チクセントミハイ教授は、最近注目されているポジティブ心理学を専攻しており、社会の繁栄や個人の幸福につながることを研究していました。物事に没頭しているときには、時間の経過を認識せず、疲れを感じず、喜びと満足を感じる状態となります。チクセントミハイ教授は多くの人から話を聞き、これらの現象は誰もが共通して感じる心理状態であることを見出し、それをフローと名づけたのです。

フロー状態は、明確な目標があり、自分が達成可能あるいは創造可能なことに取り組んでいるときに生じ、そのときのパフォーマンスは向上します。そして、フロー経験が豊富なほど、創造意欲、学習意欲、生産意欲、幸福感などが高くなるのです。また、1つのことに集中しているので、意識の中から、日常生活におけるストレスやフラストレーションなどが消え去っています。

フローと同じようなことを意味する言葉として**ゾーン**（zone）があります。この2つの言葉は、明確に区別されているわけではありません。ゾーンは、「ゾーンに入る」というように使われていて、フローからさらに極限の集中状態に入ったことを指す場合があります（次ページの図を参照）。この意味からすると、**ゾーンは人間の集中力の限界**です。

フローやゾーンはスポーツの世界でもよく使われます。たとえば、プロ野球読売巨人軍がV9を達成したときの監督であった川上哲治さんは、バッターとしても超一流の選手でした。日本人として初めて2000本安打を達成し、「打撃の神様」と呼ばれていました。川上さんが選手として頂点を極めていたころ、「ボールが

止まって見えた」と言ったと報道されました。おそらく、バッターボックスに入って投手に対峙したときには打つことに集中してフロー状態となり、ボールを打つ瞬間には極限の状態であるゾーンに入り、ボールが止まったかのように見えたのでしょう。ただし、「ボールが止まって見えた」と言ったのは川上さんではなく、当時ホームラン50本を放った小鶴誠さんだったというのが事実だそうです。

　ボールが止まって見えた、あるいは大きく見えたなどの表現は、野球やテニスなどでときどき聞かれる言葉です。こういうときは瞬間的にゾーンに入った状態なのです。一方、プロ野球選手が連続して安打を打ったり、何試合も連続して勝利投手となったりと、絶好調を続けることがあります。あるいは、Jリーグのサッカーチームが負け知らずを続けるなど、個人としてだけでなく、チームとしても絶好調を維持する場合があります。これらはある程度の

■ ゾーンに入る条件

期間「ゾーンに入った」状態を保っていると解釈されています。

ゾーンに入るのは、スポーツの世界だけではありません。勉強、研究、仕事、趣味などに興味を持って集中しているときに入ることが可能で、そのときのパフォーマンスは一段と向上します。

フローあるいはゾーン状態になると、**自分の能力の限界を広げる**ことができます。フローあるいはゾーン状態になるための方策は心理学的に解析されています。それによると、精神的にも身体的にもリラックスする必要があります。そして、集中するためには、取り組もうとしていることに対する意欲が必要であり、楽しみを見出す必要があります。取り組んでいるときには、不安を解消しておくことが重要で、言い換えると、自信を持つことが不可欠なのです。こうすることによって高度に集中することができ、自分の能力の限界を広げることが可能となります。

とは言っても、すぐにフロー状態を作り出せるわけではありません。日々の努力の積み重ねによって、集中力を養うことができ、フロー状態、さらにはゾーン状態に入ることができるのです。

## ▶39

# 反応の限界

### 100msec以内に反応するのは困難

指などが熱いものに触れると、とっさに指を引っ込めます。皮膚にある温度センサーが熱を感知し、その情報は脳に伝えられます。脳は、瞬時に熱さや痛さを認識し、腕の筋肉に指を引っ込めるように運動の指令を出します。この、熱を感知してから

運動が開始されるまでの時間を**反応時間**と言います。また、運動が開始されてから運動が終了するまでの時間を**運動時間**と言いますが、この運動時間を含んで反応時間とする場合もあります。

反応時間は、速いに越したことはないのですが、日常生活では速さに加えて正確さが要求されます。自動車を運転しているときに、突然前に何かが飛び出してきたとします。そのときは、できるだけ早くブレーキを踏まなくてはなりませんが、間違ってアクセルを踏んでしまい、大事故につながることがあります。

実験心理学で反応の研究に頻繁に用いられるのは、目の前のランプが点灯した瞬間、手や足でスイッチを押したり、声や目で合図を送るなどして、反応の速さを記録する方法です。反応時間が長いほど、心理的な処理に時間を要したと考えられ、パフォーマンスが低下したと判断されます。

クイズ番組で、答えが分かったらボタンを押し、早く押した人に回答権が与えられる早押しクイズがあります。クイズ番組の場合、単純な反応ではありませんが、問題を認識し（知覚）、答を考え（判断）、運動する（実行）という3つの過程が反応時間に影響します。

反応時間の測定には、単一の刺激に対して単一の反応を行う**単純反応時間**、複数の刺激に対してそれぞれ決められた反応をする**選択反応時間**、複数の刺激のうち特定の刺激の場合のみ反応する**ゴー・ノーゴー（弁別）反応時間**の3種類があります。

単純反応時間が最も短く、視覚や聴覚などの刺激によって反応時間は変わりますが、**150〜250msec**程度です。どんなに速く反応したとしても、**100msec**を切るのは難しいと考えられています。なお、**msec**は時間の単位で、1msec＝1ミリ秒＝1000分の1秒です。

スポーツ競技などでは、スタートの反応の速さが競技成績に影響することがあります。陸上競技では、スタートの合図があって100msec以内に反応するとフライングとなり失格です（速く走る限界の項（P.56）を参照）。100msecは、上述のように人間が耳で刺激を認識し、筋肉を動かすまでの限界時間と考えられているからです。

しかし、2003年世界陸上パリ大会の100m走において、フライングにより失格となったアメリカのジョン・ドラモンドさんとジャマイカのアサファ・パウエルさんの反応時間は、それぞれ52msecおよび86msecであったとされています。100msecがフライングを判断する時間として妥当かどうかは、議論のあるところです。

陸上競技のスタート時の反応は、体重を移動させる全身運動です。このような全身を使った反応に対しては、身体の一部を使う反応時間と区別して、**全身反応時間**と呼ばれています。全身反応時間は、敏捷性（P.46）と高い相関関係が認められており、日常生活においては危険を回避するために必要な能力とされています。

通常、全身反応時間の測定は、光あるいは音刺激に反応して、ジャンプするまでの時間を測定します。まず、被験者を、圧力を検出できるマットの上に、軽く膝を曲げて立たせます。光あるいは音の刺激が与えられたら、できるだけ早くジャンプさせます。刺激の提示から、被験者の足がマットから離れるまでの時間が全身反応時間になります。

次ページの図は、20〜65歳の男女3万6998名を対象にして測定した全身反応時間の平均値を、性別および年齢別に示したものです。

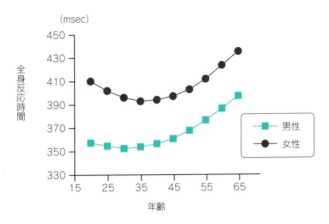

■ **全身反応時間**
出典:中央労働災害防止協会 2012 [36]

　男性の全身反応時間は女性より短くなっています。また、男性では30歳、女性では35歳が最も短く、その後は加齢とともに直線的に全身反応時間が長くなってしまいます。実験心理学領域で測定される反応時間は、20歳代の記録が最もよいとされていますが、全身反応時間はそれとは異なる結果となっています。

　全身反応時間を測定できる施設は限られています。もし、測定する機会があれば、体力の衰えを防ぐために、60歳以下の全身反応時間を目標として、**男性は380〜390msec、女性は420〜430msecを許容限界**と考えてください。

第 **4** 章

# 代謝機能

# ▶40

## ダイエット

### 全世界の人口の8〜9%は肥満体

　世界保健機関（WHO）の調査によると（2016年）、世界の6億4100万人は、BMI（body mass index＝体重（kg）÷身長（m）$^2$）が30を超え、肥満体と判定されています（BMIについては、体重の項（P.213）を参照）。2017年の世界の人口は76億人なので、おそらく8〜9%の人は肥満体と考えられます。そして2025年には、男女とも約20%の人が肥満になると予想されています。中でも子どもの肥満が増加していることは、大きな問題だと指摘されています。肥満の原因の1つは、栄養のバランスがとれていない高カロリー食品である、いわゆるジャンクフードの摂取量が増えていることです。肥満対策は、先進国に限ったことではなく、世界的な重要課題の1つです。

　太りすぎという観点からすると、一般的には**BMIは30が許容限界**です。日本人は世界的に見ると太りすぎの人は少ないようです。表には、日本人のBMI値を示しています。男性は1985年より2015年のほうが太り気味になっていますが、それでもBMIが30を超える人の割合は多くありません。一方、女性の場合は、むしろやせている傾向にあります。特に若い女性では、やせすぎによる健康障害が指摘されているので、やせようとする風潮がこれ以上広がらないようにするべきです。

　ダイエット（diet）は、健康維持や美容を目的として、食品の種類や量を制限することです。ただ、現在の日本では、ダイエットはやせるためのあらゆる方法を指す言葉として使われています。世の中には、食事制限による数多くのダイエット法が紹介されて

います。低炭水化物ダイエット、高タンパク質ダイエット、低脂肪ダイエット、食物繊維ダイエット、バナナダイエットなどさまざまです。それぞれのダイエット法で多くの成功談が発表されており、いったいどれが最も適切なダイエット法なのか迷ってしまう方も多いでしょう。

■ 日本人男性のBMI（%）

| 年齢（歳） | 1985 年 | | | 2015 年 | | |
|---|---|---|---|---|---|---|
| | 20 以下 | 25 ～ 30 | 30 以上 | 20 以下 | 25 ～ 30 | 30 以上 |
| 15 ～ 19 | 39.0 | 6.0 | 1.5 | 40.5 | 5.8 | 0.8 |
| 20 ～ 29 | 26.1 | 12.6 | 1.1 | 24.9 | 18.9 | 7.7 |
| 30 ～ 39 | 16.6 | 16.8 | 1.5 | 12.6 | 22.8 | 7.5 |
| 40 ～ 49 | 12.4 | 20.3 | 1.1 | 8.8 | 30.7 | 5.9 |
| 50 ～ 59 | 15.4 | 18.3 | 1.5 | 10.5 | 29.0 | 4.3 |
| 60 ～ 69 | 19.2 | 18.8 | 0.6 | 9.9 | 26.0 | 3.6 |
| 70 以上 | 34.2 | 11.8 | 1.0 | 13.4 | 21.4 | 2.3 |

BMI 20 ～ 25 のパーセンテージは省略
出典：厚生労働省 2016 [37]

■ 日本人女性のBMI（%）

| 年齢（歳） | 1985 年 | | | 2015 年 | | |
|---|---|---|---|---|---|---|
| | 20 以下 | 25 ～ 30 | 30 以上 | 20 以下 | 25 ～ 30 | 30 以上 |
| 15 ～ 19 | 40.2 | 4.1 | 1.4 | 52.6 | 2.6 | 0.9 |
| 20 ～ 29 | 46.0 | 6.6 | 0.7 | 50.0 | 7.8 | 2.4 |
| 30 ～ 39 | 25.8 | 11.3 | 1.6 | 44.9 | 6.0 | 0.6 |
| 40 ～ 49 | 14.6 | 20.4 | 2.3 | 31.1 | 14.3 | 4.5 |
| 50 ～ 59 | 13.4 | 27.1 | 3.3 | 28.8 | 16.0 | 4.6 |
| 60 ～ 69 | 17.4 | 28.5 | 3.6 | 20.6 | 19.3 | 2.4 |
| 70 以上 | 27.3 | 19.9 | 2.6 | 21.2 | 20.8 | 3.0 |

BMI 20 ～ 25 のパーセンテージは省略
出典：厚生労働省 2016 [37]

**低炭水化物ダイエット**は、広く行われているダイエット法の1つです。炭水化物の摂取比率を抑える代わりに、タンパク質と脂質の摂取量を増やす食事療法です。一般に、高炭水化物であれば、グリセミックインデックス（GI値、P.190）が高くなります。GI値が高いと、インスリンの分泌量が増え、糖が身体に取り込まれやすくなります。また、GI値が高いといわゆる腹持ちが悪くなるので、つい食べすぎてしまうこともあります。

最近の研究で、糖質の摂取量が多いほど死亡率が高く、老化も促進することが報告されています。糖質は、糖質制限の項（P.157）に書いているように、糖化現象を引き起こすことが、その主な原因だと考えられています。このようなことから、糖質はできるだけ減らすべきだとする研究者もいます。

低炭水化物食にすると、その代わりにタンパク質あるいは脂質が増えることになります。**高タンパク質ダイエット**は、理論的にはやせやすいダイエット法です。炭水化物や脂質をたくさん摂りすぎると、体内に中性脂肪として蓄えられます。一方、タンパク質をたくさん摂取したとしても、体内にエネルギーとして保存されるのはわずかで、多くは尿から体外に排出されるからです。

タンパク質の項（P.172）で述べていますが、厚生労働省はタンパク質の過剰摂取が生体に影響するという明確な根拠はないとして、上限量を設定していません。しかし、過剰なタンパク質摂取は、腎臓や肝臓機能障害、骨粗しょう症、高窒素血漿などを引き起こすという報告があります。摂取する栄養素を極端に偏らせるダイエット法は勧められません。脂肪のカロリーが高いからといって脂肪制限をすると、身体の中で合成できない必須脂肪酸が不足することも考えられます。**栄養バランスを考慮しながら、**総摂取カロリーを減らすダイエット法を採用すべきでしょう。

ダイエットを目的として数多くの飲食物やサプリメントが販売されています。このような、身体の機能を整えたり、身体の機能に影響を与えたりする成分を抽出した食品類は、**機能性食品**と呼ばれています。機能性食品には、**特定保健用食品（トクホ）**、**栄養機能食品**、および**機能性表示食品**があります。このうち、栄養機能食品は、ビタミンやミネラルなどの栄養成分を補給するためのもので、栄養成分の機能が表示されています。特定保健用食品と機能性表示食品の中には、中性脂肪やコレステロールなどの低減効果を明言しているものがあります。食べたり飲んだりするだけで、ダイエット効果が期待できるのです。

特定保健用食品は、身体の生理学的機能である血圧、コレステロールなどを正常に保ったり、胃腸の働きを整えたりする効果があります。特定保健用食品として認められるためには（条件つき特定保健用食品を含む）、食品の有効性や安全性について審査を受け、表示については国の許可を得なくてはなりません。一方、機能性表示食品は、事業者（生産者・販売者）の責任において科学的根拠を基に商品のパッケージに機能性を表示するもので、消費者庁に届ける必要があります。機能性表示食品は、国の審査を受けなくてもいいので、機能性や安全性に問題がある可能性があると指摘されています。

ダイエットがうまくいかない場合は、機能性食品を利用するのも1つの方法です。しかし、機能性食品の利用や食事制限によるダイエットだけに頼ると、体脂肪が減るだけでなく、筋肉も減少します。適切なダイエット法とは、**筋肉量は維持するか、もしくは増加させ、脂肪量を減らす**方法です。そのためには、食事療法だけでなく運動療法もあわせて行う必要があります。

肥満を解消するためには食事や運動も重要ですが、一番大事

なのは、**毎日体重計に乗り、体重を把握すること**です。食事制限や運動量を増加させることによって、程度の差はありますが、必ず体重は減少します。問題は、その減少した体重を維持することの難しさです。つまり、リバウンドをいかに抑えるかがダイエットの成否を決定します。そのためには、毎日体重を測定し、目標体重を上回らないようにすることが、ダイエット成功の最大の秘訣です。

## ▶41
# エネルギー消費量と摂取量
### こまめに身体を動かす人は太らない

　**エネルギー消費量**は、基礎代謝量、身体活動代謝量、および食事誘発性熱産生量の3つに分けられます。**基礎代謝量**は、何もせずじっと横たわっているときに消費されるエネルギー量で、生きていくうえでの最小限のエネルギー量と考えることができます。**身体活動代謝量**は、健康や体力向上などを目的として意図的に行う運動やスポーツ、日常の生活活動、姿勢の保持などの自発的活動時などの代謝量を合わせたものです。**食事誘発性熱産生量**は、食後のエネルギー代謝量亢進による体温上昇を指します。

　一方、**エネルギー摂取量**は、食べた食品に含まれるタンパク質、脂質および炭水化物の量と、それぞれの栄養素のエネルギー換算係数を掛け合わせ、それらを足し合わせたものです。**エネルギー換算係数**は、1gあたりのエネルギー量で表し、生体内ではタンパク質4kcal、脂質9kcal、炭水化物4kcalです。

太るかやせるかは、エネルギー消費量と摂取量の出納で決まります。エネルギー消費量が摂取量よりも少なければ、身体にエネルギー、すなわち体脂肪が蓄積することになります。一方、エネルギー消費量が摂取量よりも多ければ、身体に蓄えられていた体脂肪がエネルギー源として使われることになり、やせていきます。

基礎代謝量は、体重、体組成、年齢、性などによって規定されます。体重1kgあたりで表すと、幼児が最も高くなり、加齢とともに低下していきます。一方、標準的な体重で算出すると、15〜17歳で最高値を示し、その後は加齢に伴い減少します（表）。

■ エネルギー必要量（kcal/日）

| 年齢（歳） | 男性 | | | 女性 | | |
|---|---|---|---|---|---|---|
| | I | II | III | I | II | III |
| 6〜7 | 1350 | 1550 | 1750 | 1250 | 1450 | 1650 |
| 8〜9 | 1600 | 1850 | 2100 | 1500 | 1700 | 1900 |
| 10〜11 | 1950 | 2250 | 2500 | 1850 | 2100 | 2350 |
| 12〜14 | 2300 | 2600 | 2900 | 2150 | 2400 | 2700 |
| 15〜17 | 2500 | 2850 | 3150 | 2050 | 2300 | 2550 |
| 18〜29 | 2300 | 2650 | 3050 | 1650 | 1950 | 2200 |
| 30〜49 | 2300 | 2650 | 3050 | 1750 | 2000 | 2300 |
| 50〜69 | 2100 | 2450 | 2800 | 1650 | 1900 | 2200 |
| 70以上 | 1850 | 2200 | 2500 | 1500 | 1750 | 2000 |

身体活動レベル、I：低い、II：ふつう、III：高い
出典：厚生労働省 2016 [38]

食事誘発性熱産生は、食事をすることによって、消化・吸収のために代謝量が増加するのではありません。食事をすることにより、交感神経活動が活発になり、体熱を作り出す作用のある褐色脂肪細胞（体脂肪の項（P.164）を参照）がエネルギー代謝を亢進

するためです。食事誘発性熱産生によるエネルギー消費量は、摂取する栄養素によって変わってきますが、通常の炭水化物、脂肪、タンパク質の混合食であれば、エネルギー消費量全体の約10%程度です。

運動やスポーツを活発に行うと、当然その強度に従って身体活動代謝量は増大します。この身体活動代謝のうち、意図的に行う運動やスポーツを除いた生活活動と自発活動を合わせたエネルギー消費量を、**非運動性熱産生（NEAT）**と言います。NEAT（non-exercise activity thermogenesis）は、エレベーターやエスカレーターなどを使わずに歩く、常に背筋を伸ばすなど姿勢を正す、庭仕事などを積極的に行うなど、生活の中で、できるだけ身体を動かすことによって高めることができます。

NEATが高い人は太らないことが学術的にも証明されています。アメリカ人女性を被験者として、8週間にわたり1日あたり1000kcal余分に食事が与えられました。体格がいいアメリカ人と言えども、女性にはかなり高い余分なエネルギー量です。8週間後には平均体重が4.7kg増加しました。しかし、まったく太らない人もいたのです。その人たちの日常生活を観察したところ、NEATが高いことが分かりました。日常生活において、面倒くさがらず、**こまめに身体を動かすことが肥満防止に貢献する**のです。

先進諸国では、太りすぎあるいは明らかに肥満と判定できる人が増えています。そのためにエネルギー摂取制限をしている人も少なくありません。エネルギー摂取量と体重の関係を調べた結果から、エネルギー摂取量を減らすことによって期待される体重減少率は、減少させたエネルギー摂取量の変化率のおよそ7割であるとされています。

たとえば、日ごろ2600kcalのエネルギーを摂取している体重

80kgの男性が、100kcal/日だけエネルギー摂取量を減らしたとします。エネルギー摂取量の減少率は、(100÷2600)×100＝約3.85%となります。したがって、期待できる体重変化率は、3.85×0.7＝約2.7%となり、体重減少は80×(2.7/100)＝約2.16kgとなります。100kcal/日のエネルギー摂取量の制限を続けたとしても、体重減少には限界があります。体重が減少するとエネルギー必要量も低下しますから、ある時点において体重減少が止まるのです(settling point)。さらなる体重減少を望むならば、エネルギー摂取量をもっと減らす必要があります。

　エネルギー消費量に変化がなければ、エネルギー摂取量の増減により体重が増減します。体重と身長から算出するBMI(体重の項(P.213)を参照)には、病気になりにくく、大きくもなく小さくもない、最適な値(18.5以上25.0未満)があります。エネルギー摂取量は、体重を気にしながら許容範囲に調節したほうがいいでしょう。

## ▶42

## 糖質制限

**糖質の摂りすぎは死亡率を上げるという研究結果も**

　**糖質**は、基本単位である**単糖**と、単糖が2つ結合した**二糖**、数個結合した**オリゴ糖**(二糖を含む場合もある)、および多数結合した**多糖**に分類されています。生体内には多くの種類の糖質が存在しますが、単糖類の**グルコース**(**ブドウ糖**)は、デンプン、セルロース、グリコーゲンを構成する最も重要な糖です。

人間が日常摂取する糖質には、米、麦などの穀類やサツマイモ、ジャガイモなどのイモ類に多いデンプン、果物に多いブドウ糖や果糖、菓子などに多いショ糖などがあります。そのうち最も多いのがデンプンです。デンプンは、唾液によりオリゴ糖に分解され、小腸でさらに単糖へと分解されて吸収されます。

　吸収された単糖は、血糖として全身に運ばれます。我々の血液中の糖質の大部分はブドウ糖です。生体内では、血糖はかなり厳密に一定範囲内になるように調整されています。糖尿病学会が定める正常値は、空腹時の血糖値100mg/dL未満、食後では140mg/dL未満です。空腹時の血糖値が110mg/dLを超えると糖尿病の危険性が出てきます。

　ブドウ糖は各組織で酸化され、細胞が活動するエネルギー源として利用されます。脳は体重の2%ほどの重量ですが、基礎代謝量の約20%のエネルギー量を消費すると考えられています。脳は、血糖値が低くなるとケトン体をエネルギーとして利用することができますが、実際にはほとんど**ブドウ糖がエネルギー源**です。

　したがって、血糖値が減少していくと、脳はその影響を強く受けます。40mg/dLあたりでは倦怠感、眠気などの自覚症状が起こり、30mg/dL以下になると意識障害が発症します。さらに、20mg/dL以下に低下し、これが長時間持続すると脳障害を起こすようになります。低血糖となる原因で最も多いのは、糖尿病患者における血糖降下剤の服用、あるいはインスリンの過剰投与です。

　逆に、インスリンの作用不足、あるいはグルカゴンなどの血糖値を上昇させるホルモンの過剰分泌などにより、血糖値が上昇する場合があります。血糖値が上昇することにより現れる症状は、

口渇、多尿、体重減少などです。血糖値が800mg/dLあたりまで
上昇すると、意識障害が起こります。高血糖状態が長く続くと
糖尿病となり、網膜症、神経障害、腎症などのさまざまな合併症
が発症します（表）。

■ 血糖値と大まかな症状

| 血糖値（mg/dL） | 症状 |
|---|---|
| 0 | 死亡 |
| 20 | 昏睡状態 |
| 30 | 意識障害 |
| 40 | 倦怠感、眠気、発汗、動悸 |
| 70～110 | 正常範囲 |
| 250 | 口渇、多尿、体重減少 |
| 800 | 意識障害 |
| 1000 | 昏睡、死亡 |

　体重60kg、身長170cmの男性の基礎代謝量は約1600kcal/日
なので、脳のエネルギー消費量はその20%として、320kcal/日と
なります。糖質は約4kcal/gのエネルギーを産生しますから、
320kcalはブドウ糖80gに相当します。脳以外の組織もブドウ糖
をエネルギー源としています。その分を含めて、**ブドウ糖の1日
の必要量は少なくとも100g**と推定されています（厚生労働省、
2015年）。

　多くの日本人は、この必要量よりも**はるかに多い糖を摂取し
ています**。さらに、肝臓は、筋肉から放出された乳酸やアミノ酸、
脂肪組織から放出されたグリセロールを利用してブドウ糖を作っ
ています（**糖新生**）。糖は体内に十分確保されていること、また糖
尿病以外に糖が直接健康障害を引き起こすことはないとして、厚

生労働省は糖質の下限および上限の基準設定をしていません。

しかし、老化の項（P.207）でも記していますが、糖質の摂りすぎは糖化を引き起こすことになります。特に、高血糖（空腹時で126mg/dL以上）が続くと、身体に余分な糖があふれることになり、糖化反応を加速します。糖化は糖とタンパク質が結びつく現象ですし、人間の身体の15％はタンパク質でできているので、高血糖になると糖化を防ぐことは不可能です。

糖化でできた物質AGE（糖化最終生成物）は、老化物質とも呼ばれています。できてしまったAGEは分解されず、これが蓄積することによって、老化が進行するのです。皮膚にAGEが増えると肌は弾力を失い、固くなります。骨にAGEが蓄積するともろくなり、骨粗しょう症になります。

糖質を過剰に摂取すると、太りやすく、糖尿病になりやすく、糖化を促進することになります。そのため、糖質をできるだけ減らすべきだとの議論がなされています。最近、カナダの研究者が権威ある医学雑誌に発表した論文では、**糖質の摂取量が食物全体の60.8％を超えると、死亡率が上昇する**という結果が示されています。

最近の多くの研究結果は、糖質の摂取を制限したほうが健康につながるという結論が多いようです。厚生労働省は糖質の食事摂取基準をエネルギー全体の50〜65％としていますが、65％は摂りすぎなので、**最大限60％**と考えたほうがいいかもしれません。

▶43

# 脂質制限

魚由来の油を多くすることが健康の限界を広げる

　食品に含まれる脂質の主成分は**中性脂肪**です。中性脂肪は、**トリグリセリド**あるいは**トリアシルグルセリール**とも呼ばれています。脂質は1gあたりのエネルギー量が9kcalと、糖質やタンパク質の2倍以上もあることから、人間はエネルギー蓄積物質として中性脂肪を優先的に蓄えてきました。皮下脂肪および内臓脂肪がそれにあたります。

　中性脂肪の他に、生体には**リン脂質**、**糖脂質**、**コレステロール**などの脂質が存在しています。これら脂質は、健康を維持するためにさまざまな役割を担っています。脂質の重要な働きとしては、エネルギー源、細胞膜の主要な構成成分、脂溶性ビタミンの吸収、性ホルモン、副腎皮質ホルモンなどのステロイドホルモンやビタミンDの前駆体などです。

　厚生労働省が、脂質に関して食事摂取基準を設定しているのは(2015年)、脂肪エネルギー比率、飽和脂肪酸、n-3系脂肪酸、およびn-6系脂肪酸です。**脂肪酸**は、炭化水素の鎖の端にカルボキシル基(-COOH)が結合した化合物です。炭素と炭素のつながりにおいて二重結合がない脂肪酸を**飽和脂肪酸**、二重結合のある脂肪酸を**不飽和脂肪酸**と呼んでいます。二重結合が1つあるのは**一価不飽和脂肪酸**、2つ以上あるのは**多価不飽和脂肪酸**です。

　n-3系脂肪酸およびn-6系脂肪酸は、それぞれ鎖状に結合した3個目および6個目の炭素に二重結合があるものを指します。**n-3系脂肪酸**にはα-リノレン酸、エイコサペンタエンサン(EPA)、ドコサヘキサエン酸(DHA)などがあり、**n-6系脂肪酸**にはリノ

ール酸、γ-リノレン酸などがあります。

　脂質が持つエネルギー量は炭水化物やタンパク質の2倍以上であるため、特に肥満との関連から、栄養学的には悪者扱いされる場合があります。しかし、低脂質・高炭水化物食では、食後の血糖値、中性脂肪を増加させ、善玉であるHDLコレステロールを減少させるのです。ある程度の脂質は食物から摂取する必要があります。脂質と炭水化物のエネルギー比率との関係から、血中のHDLコレステロールなどの脂質の濃度を適正に保つには、食物の脂肪エネルギー比率は20%以上がよいとされています。

　一方、高脂質食は飽和脂肪酸摂取量、および悪玉であるLDLコレステロールを増加させ、動脈疾患のリスクが高まります。また、肥満予防の観点からは、総脂質摂取量を減らすと体重が減少します。脂質によるエネルギー比率を1%減らすと、0.19kgの体重減少が認められたとする報告もあります。また、アメリカの研究によると、脂肪エネルギー比率を30%未満としたことにより、血中総コレステロール、LDLコレステロール、中性脂肪、総コレステロール／HDLコレステロール比および体重減少が認められています。厚生労働省はこれらの知見に基づき、**脂肪エネルギー比率は全エネルギー摂取量のうちの20〜30%**としています。

　飽和脂肪酸は、乳製品や肉などの動物性脂肪やヤシ油など熱帯植物の油脂に含まれていて、体内でも合成することができます。肉由来の飽和脂肪酸を摂りすぎると、心臓血管系疾患の危険性が高まります。一方、飽和脂肪酸摂取量を少なくすると、冠動脈疾患、動脈硬化、LDLコレステロール血漿、インスリン抵抗性が低下することが明らかにされています。動物由来の脂質摂取は極力抑え、**全エネルギー量の7%以下**にすることを厚生労働省は目標量としています。

■ 脂肪／飽和脂肪酸の全エネルギー摂取量に対するエネルギー比率目標量

| 年齢（歳） | 脂肪エネルギー比率 | | 飽和脂肪酸エネルギー比率 | |
|---|---|---|---|---|
| | 男性目標量<br>（%） | 女性目標量<br>（%） | 男性目標量<br>（%） | 女性目標量<br>（%） |
| 12～14 | 20～30 | 20～30 | — | — |
| 15～17 | 20～30 | 20～30 | — | — |
| 18～29 | 20～30 | 20～30 | 7以下 | 7以下 |
| 30～49 | 20～30 | 20～30 | 7以下 | 7以下 |
| 50～69 | 20～30 | 20～30 | 7以下 | 7以下 |
| 70以上 | 20～30 | 20～30 | 7以下 | 7以下 |

出典：厚生労働省 2016 [38]

　n-6系脂肪酸は、免疫力、皮膚や胃壁の保護、胎児の発育などに重要な役割を果たしています。しかし、過剰摂取により、心臓病やがんの発症率や死亡率が高くなるという報告もあります。日本の標準的な食生活であれば、n-6系脂肪酸の不足による影響の心配はないとされています。

　n-3系脂肪酸は、食用油や魚由来の脂質であって、日本人は食物のエネルギー比率ではアメリカ人の約1.3倍摂取しています。n-3系脂肪酸が欠乏すると、皮膚炎や成長障害が起こるため、摂取の目安量が設定されています。n-3系脂肪酸は生活習慣病の発生予防に効果があることが証明されています。心臓血管疾患、糖尿病、直腸がん、肝がんなどの罹患率が減少するのです。**肉由来の油を少なくし、魚由来の油を多くすることが健康の限界を広げるコツ**です。

■ n-6系およびn-3系脂肪酸の1日あたり摂取量の目安

| 年齢（歳） | n-6 系脂肪酸 男性目安量（g/日） | n-6 系脂肪酸 女性目安量（g/日） | n-3 系脂肪酸 男性目安量（g/日） | n-3 系脂肪酸 女性目安量（g/日） |
|---|---|---|---|---|
| 12～14 | 12 | 10 | 2.1 | 1.8 |
| 15～17 | 13 | 10 | 2.3 | 1.7 |
| 18～29 | 11 | 8 | 2.0 | 1.6 |
| 30～49 | 10 | 8 | 2.1 | 1.6 |
| 50～69 | 10 | 8 | 2.4 | 2.0 |
| 70以上 | 8 | 7 | 2.2 | 1.9 |

出典:厚生労働省 2016 [38]

## ▶44 体脂肪

脂肪量は少ないほうがいい

　人間の身体の中にある体脂肪は、**白色脂肪細胞**と**褐色脂肪細胞**に分けられます（図）。白色脂肪細胞は、日ごろ我々が脂肪と呼んでいる皮下脂肪と内臓脂肪のことで、中性脂肪を多く含んでいます。褐色脂肪細胞は、その名のごとく褐色をしていて、細胞に含まれる脂肪（油滴）は少なく、エネルギーを作り出すミトコンドリアがたくさん含まれています。

　人間の身体にある脂肪量は簡単には測定できません。最も普及している体脂肪量測定方法は、人体に微弱な電流を流して、電気抵抗値から脂肪量を推定する**インピーダンス法**です。ちょっと値段が高い家庭用の体重計にも、この機能は備えられています。

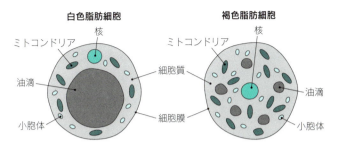

■ 白色脂肪細胞と褐色脂肪細胞

脂肪は電気を通しにくく、筋肉などの組織は電気を通しやすいという性質を利用して、あらかじめ電気抵抗値と体脂肪量の関係を測定機器に入力しておいて計算するのです。脂肪が多く太っている人の電気抵抗値は大きくなります。

インピーダンス法から得られた体脂肪量は誤差が大きいのですが、簡単に測れるので便利です。体脂肪は、体重に対する体脂肪量の割合である**体脂肪率**で評価されます。

体脂肪率から判断される肥満の区分としては、年齢によっても変わりますが、成人男性で20〜25%以上、成人女性で30〜35%以上を肥満とすることが多いようです。女性のほうが肥満と判定される体脂肪率が高いのは、主に皮下脂肪から女性ホルモンが作られており、女性はある程度の脂肪が必要だからです。しかし、体脂肪率の基準は、正確に測れないということもあって、学術的に深い意味があるわけではありません。参考程度にしたほうがい

いでしょう。

　一般に知られているように、肥満になって白色脂肪細胞、特に**内臓脂肪細胞**が多くなると高脂血症（脂質異常症）につながり、高血圧、動脈硬化、高血糖などの生活習慣病の原因になります。ところが近年、脂肪細胞の研究が進み、脂肪の量的な問題だけでなく、脂肪細胞から生活習慣病を誘発する物質が分泌されていることが明らかにされてきました。脂肪細胞が分泌するホルモン様の生理活性物質を**アディポサイトカイン**と言います。アディポは脂肪、サイトカインは免疫に関係したタンパク質を意味します。

　まず、1993年に発見された最初のアディポサイトカインは、**TNF-α**という腫瘍壊死因子でした。これは腫瘍を壊死させるのですが、一方ではインスリンが正常に働かなくなるインスリン抵抗性を引き起こす作用があります。

　このように生活習慣病を引き起こすようなアディポサイトカインは**悪玉アディポサイトカイン**と呼ばれていて、インスリン抵抗性を起こすレジスチン、インターロイキン-6（IL-6）、MCP-1、血圧を上げるアンジオテンシノーゲン、血栓を作るPAI-1などが発見されています。

　これらとは対照的に、生活習慣病を改善するように働く**善玉アディポサイトカイン**がこれまで2つ発見されています。

　1つは、ギリシャ語で「やせた」というleptosに由来して命名された**レプチン**です。レプチンは食欲抑制とエネルギー消費量を増大させる作用があって、体重を一定値に保つ働きがあると考えられています。

　もう1つは、1996年に大阪大学の研究グループが発見した**アディポネクチン**です。アディポネクチンは、インスリン抵抗性を改

善し、血糖値を下げ、動脈硬化を防ぐなど、さまざまなよい効果があることが実証されています。ただ、アディポネクチンは大型の脂肪細胞からは分泌が少なく、小型脂肪細胞から分泌されます。また、肥満や内臓脂肪の蓄積量とは逆相関関係があることも分かっています。善玉のアディポサイトカインの分泌量を増やす意味でも、**脂肪量は少ないほうがいい**のです。

褐色脂肪細胞は、ブドウ糖や白色脂肪細胞を使って熱を発生させ、体温を維持する役割があります。ミトコンドリアが非常に多く、血管が豊富で血液量が多いのが特色です。新生児や幼児などでは、頚深部、腎周囲、腋下部（わきの下）、肩甲骨周囲、心臓周囲の5か所に約100g存在すると言われています。

赤ちゃんが誕生するときは、温かい母体から温度が低い外界へ出てきます。赤ちゃんは筋肉を動かして熱を十分に産出することができません。このとき、褐色脂肪組織が活性化して熱産生を高め、体温を維持するのです。

褐色脂肪組織は、年齢とともに減少し、成人では腋下部や腎周囲などに約40gあると見積もられています。

前述のレプチンによるエネルギー消費量増大、食事誘発性熱産生（エネルギー消費量と摂取量の項（P.154）を参照）などは、褐色脂肪細胞が活性化したことによるものです。また、高齢者は基礎代謝量が低くなりますが、その原因の1つは褐色脂肪細胞の作用が衰えたためです。

このように、**褐色脂肪細胞は太ることと密接な関係があり**、肥満になりやすいのは褐色脂肪細胞を活性化できないことも一因です。褐色脂肪細胞を増やすことはできませんが、水泳などで身体に寒冷刺激を加えると活性化が期待できるという説もあります。

■ 体脂肪分布パターン

**悪性肥満（合併症の可能性が高い）**
- 内臓脂肪型肥満
- 腹部型肥満
- 上半身型肥満
- 男性型肥満
- りんご型肥満

**良性肥満（合併症の可能性が低い）**
- 皮下脂肪型肥満
- 臀部大腿型肥満
- 下半身型肥満
- 女性型肥満
- 洋なし型肥満

▶ 45

# コレステロール

高コレステロール血症の人は要注意！

　**コレステロール**は、人間のあらゆる細胞の生体膜の構成成分として重要な脂質です。また、コレステロールは脳と神経に多く存在し、その割合は体内のコレステロールの約25％と見積もられています。コレステロールは、神経細胞に発生した信号を伝達する役割がある神経線維を保護するように包み込んでいます。さらに、副腎皮質ホルモン、アンドロゲン（男性ホルモン）、エストロゲン（女性ホルモン）など、ステロイドホルモンと呼ばれるホルモンの原料になります。脂肪の消化・吸収を促進する胆汁酸もコレステロールから作られます

コレステロールは、生体内では主に肝臓で合成されており、1日に体重1kgあたり12〜13mg生産されています。一方、食事によるコレステロール（食事性コレステロール）は、摂取したうちの40〜60％が吸収されており、体内で作られるコレステロールの3分の1から7分の1程度です（厚生労働省、2015年）。

　コレステロールは水に溶けないので、血中では、リン脂質とタンパク質が結合した**リポタンパク質**に格納される構造となって輸送されます。リポタンパク質が細胞に到達すると、生体膜上にある特異的な受容体を介してコレステロールは取り込まれます。リポタンパク質は、その比重によってキロミクロン（chylomicron）、VLDL（very low density lipoprotein）、IDL（intermediate DL）、LDL（low DL）、およびHDL（high DL）に分類されます。このうちキロミクロンは、小腸で吸収したコレステロールを肝臓に運び、肝臓ではVLDLが分泌され、VLDLはIDLに、IDLはLDLに変換されます。HDLは、主に肝臓や小腸で合成されます。

　コレステロールは、生体にとってなくてはならない物質ですが、血液中を循環する**LDLコレステロールが多くなると高脂血症となり、動脈硬化を促進する**ことになります。その結果、心筋梗塞や脳梗塞が引き起こされます。LDLコレステロールは、動脈硬化の最大の危険因子であることから、**悪玉コレステロール**と呼ばれています。一方、HDLコレステロールは、動脈硬化の原因となる血管内壁についているコレステロールをはがし、肝臓へ運ぶ作用がありますから、**善玉コレステロール**と呼ばれています。

　コレステロールの基準値あるいは正常値とされている値は、日本人間ドック学会と動脈硬化学会で異なっています。どちらも調査・研究に基づいて決められていますが、データ数としては日本人間ドック学会のほうが多いはずなので、その基準値を表に示し

ています。総コレステロールやLDLコレステロールが高ければ、あるいはHDLコレステロールが低ければ動脈硬化が疑われます。図は、人間ドック受診者の異常頻度出現率の年次変化を見たものです。肝機能異常や肥満などと並んで、近年その割合が急激に上昇しています。

■ 日本人間ドック学会の血漿コレステロール基準値 (mg/dL)

|  | 異常 | 基準範囲※ | 要注意 | 異常 |
|---|---|---|---|---|
| 総コレステロール | 139以下 | 140～199 | 200～259 | 260以上 |
| LDL | 59以下 | 60～119 | 120～179 | 180以上 |
| HDL | 29以下 | 30～ 39 | 40～119 | 120以上 |

※将来、脳・心血管疾患を発症しうる可能性を考慮した基準範囲
出典:日本人間ドック学会[39]

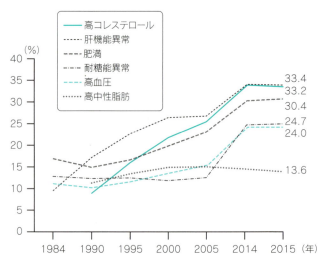

■ 生活習慣病関連の異常の推移
出典:日本人間ドック学会 2015[40]

厚生労働省が5年ごとに発表する食事摂取基準の2010年版では、食事性コレステロールの目標量を、成人男性は1日750mg未満、成人女性は1日600mg未満としていました。ところが、2015年版では、コレステロールの摂取量は低めに抑えることが好ましいと指摘していますが、目標量を設定するには十分な科学的根拠がないとしています。また、2015年のアメリカ農務省のガイドラインにおいても、同じように食事性コレステロールと血中コレステロールの明確な因果関係は認められないとして、食事性コレステロールの制限をなくしています。

　しかし、食事性コレステロールに基準がないと考えていいのは、あくまでコレステロール値が異常を示さない健常者を対象とした場合です。そもそも高コレステロール血症の人は、食事に含まれるコレステロールに気をつけなければなりません。

　動脈硬化学会は、高LDLコレステロール血症患者が食事療法を行う注意点として、飽和脂肪酸の摂取量を4.5%以上7%未満とし、トランス脂肪酸の摂取を減らし、コレステロールの摂取量を200mg/日以下とすることを提唱しています。食べ物には、これら3つの脂質がさまざまな割合で含まれています。

　食べ物に含まれるコレステロール量はよく知られているので、コレステロールが高い人は、これらの値を確認して摂取量を制限したほうがいいでしょう。卵1個(50g)には、約200mgのコレステロールが含まれています。コレステロールが正常な人は、卵を1日複数個食べてもいいのでしょうが、コレステロールが高い人は1日1個が限界のようです。

▶ 46

# タンパク質の必要量

男性133g、女性100gあたりが許容される限界の摂取量

　**タンパク質**は、多数のアミノ酸がペプチド結合（脱水縮合）した高分子であり、**ポリペプチド**とも呼ばれています。**アミノ酸**は20種類存在していて、人間はそのうち11種類を他のアミノ酸または中間代謝物から合成することができます。残りの9種類は食事によって摂取しなければならず、それらを**必須アミノ酸**と言います。

　食事によって取り込まれたタンパク質は、胃などでアミノ酸とアミノ酸がいくつかつながったペプチドに分解され、小腸ではほとんどアミノ酸となり吸収されます。そして、血液によって肝臓やその他の組織に運ばれ、再び身体に必要なタンパク質として合成されます。身体の中で再合成されたタンパク質は、酵素やホルモンとして代謝調節、ヘモグロビンやアルブミンとして物質輸送、抗体として生体防御にかかわっています。また、アミノ酸はタンパク質を構成しているだけでなく、神経伝達物質、ビタミン、生理活性物質の材料となっています。一部のアミノ酸は代謝されて、代謝産物である窒素は尿素として体外に排出されます。また、糖質や脂質ほどではありませんが、一部はエネルギーとしても利用されています。

　厚生労働省が2015年に示した日本人の食事摂取基準によると、過去の窒素平衡維持量による研究結果を総合的に判断して、**タンパク質維持必要量は0.65g/kg体重/日**としています。日常食混合タンパク質の消化率が約90%なので、**食事から摂取するタンパク質量は0.72g/kg体重/日**となります。自分の体重に0.72を掛けると、極めて大まかですが、食事に含まれるタンパク質の

必要量が算出できます。必要量に、個人間の変動を考慮した係数1.25を乗じると推奨量が算出されます。

厚生労働省が2016年に示した国民健康・栄養素調査によると、日本人のタンパク質の摂取量は成人男性で75.7g/日、成人女性で64.0g/日でした。体重88kgの人の1日の必要量は、88 × 0.72 ＝約63gとなるので、現代の日本人は、体重約88kgの女性であっても、ほぼ必要量とされるタンパク質を摂取していることになり、不足している人は少ないと判断されます。

タンパク質の摂りすぎが健康に害を及ぼすという明確な研究結果は発表されていません。厚生労働省の食事摂取基準報告書においても（2015年）、「タンパク質の耐容上限量を設定し得る明確な根拠となる報告は十分には見当たらない」として、許容限界量は設定していません。しかし、2010年の同じ報告書では、許容上限は設定しないとしている一方で、**タンパク質摂取は2.0g/kg体重/日未満にとどめるのが適当**だとしています。

その理由として、40歳以下の成人が1.9〜2.2g/kg体重/日を長期間摂取すると、インスリンの感受性低下、カルシウムの尿排泄増加、骨からカルシウムが溶け出す骨吸収の促進など好ましくない代謝変化が起こるためだとしています。さらに、65歳以上では、高窒素血漿が発症することも指摘しています。このように、タンパク質の過剰摂取の影響については、専門家のあいだでも意見が分かれているのです。

タンパク質は窒素を含んでいるため、代謝過程で窒素成分からアンモニアが作られます。アンモニアは生体にとっては有毒物質なので、肝臓で尿素に変換されます。尿素は最終的には腎臓でろ過されて尿中に排出されます。このように、タンパク質を多量に摂取すると肝臓や腎臓に負担がかかることになります。健常な

人では問題がないタンパク質の摂取量であっても、肝臓や腎臓機能が衰えている人にとって負担になることは十分に考えられます。

　もう1つの基準として、人間が必要とするエネルギー量の全体に占める割合があります。タンパク質エネルギー比率は、少し幅がありますが、13～20%が目標量とされています。タンパク質エネルギー比率が20%を超えると、糖尿病発症リスクの増加、心血管疾患の増加、がんの発症率の増加、骨量の減少などの健康障害が報告されています。

■ 食品に含まれるタンパク質（100gあたり）

| 食品名 | 成分量(g) | 食品名 | 成分量(g) |
|---|---|---|---|
| ふかひれ | 83.9 | うるめいわし・丸干し | 45.0 |
| とびうお・煮干し | 80.0 | パルメザンチーズ | 44.0 |
| かつお節 | 77.1 | いかなご・煮干し | 43.1 |
| さば節 | 73.9 | 焼きのり | 41.4 |
| 干しだら | 73.2 | しらす干し | 40.5 |
| するめ | 69.2 | 味付けのり | 40.0 |
| かたくちいわし・煮干し | 64.5 | 豚ヒレ肉／赤肉 | 39.3 |
| 繊維状大豆たんぱく | 59.3 | 鶏胸肉（皮なし） | 38.8 |
| 濃縮大豆たんぱく | 58.2 | 鶏胸肉（皮つき） | 34.7 |
| 乾燥全卵 | 49.1 | 脱脂粉乳 | 34.0 |
| 粒状大豆たんぱく | 46.3 | まいわし・丸干し | 32.8 |
| さきいか | 45.5 | 抹茶 | 29.6 |

出典：日本食品標準成分表2015年版（七訂）[41]

　日本人成人（18～49歳）男性の場合、普通の身体活動量であれば2650kcal/日、女性では2000kcal/日です。この20%は、男女それぞれ530kcalおよび400kcalとなります。タンパク質のエネルギー量は1gにつき4kcalです。したがって、**男性は530÷4＝約**

133g、女性は100gとなり、これらが現在の研究報告を考慮した**許容限界摂取量**と考えていいでしょう。

## ▶47

# ミネラルの摂取限界

### 栄養バランスのとれた食事で適切なミネラル摂取

ミネラル(mineral)は**無機質**とも言い、生体を構成する4大元素である酸素、炭素、水素および窒素以外の元素の総称です。4大元素は、有機化合物の主要な構成物なので、ミネラルには分類されていません。人間の身体の約96%は、4大元素である酸素、炭素、水素および窒素から構成されています。残りの約4%がミネラルです。

人間の身体に存在し、栄養素として必要とされるミネラルは16種類で、これらは**必須ミネラル**と呼ばれています。必須ミネラルは人体に含まれる量によって、7種類の**多量ミネラル**(ナトリウム、カリウム、カルシウム、マグネシウム、リン、塩素、硫黄)、および9種類の**微量ミネラル**(鉄、亜鉛、銅、マンガン、ヨウ素、セレン、クロム、モリブデン、コバルト)に分けられます。

ミネラルは生体では少量ですが、タンパク質、脂質、炭水化物、ビタミンと並び、5大栄養素の1つとして、生命維持に不可欠な栄養素です。同じように微量であっても生体の機能維持に必要な有機化合物であるビタミンと違って、単一の元素によって生体機能を調整しています。ミネラルは少なくても多くても、生体機能に影響します。厚生労働省は、必須ミネラルのうち、塩素、硫

黄およびコバルト以外の13種類のミネラルについては、摂取量の指標を定めています（表）。

■ ミネラルの日本人成人1日あたりの食事摂取基準および多く含む食品

| | | 男性 | | 女性 | | 多く含む食品 |
|---|---|---|---|---|---|---|
| | | 必要量 | 耐容上限量 | 必要量 | 耐容上限量 | |
| 多量ミネラル | ナトリウム（mg） | 600 | | 600 | | 食塩 |
| | カリウム（mg） | 2500 | | 2000 | | 果物、野菜、芋、豆類 |
| | カルシウム（mg） | 550～650 | 2500 | 550 | 2500 | 乳製品、小魚、大豆製品 |
| | マグネシウム（mg） | 280～310 | | 230～240 | | 豆類、海藻類、魚介類 |
| | リン（mg） | 1000 | 3000 | 800 | 3000 | 魚介類、乳製品、豆類 |
| 微量ミネラル | 鉄（mg） | 6～6.5 | 50～55 | 5～5.5 | 40 | 海藻類、貝類、レバー |
| | 亜鉛（mg） | 8～10 | 40～45 | 6 | 35 | 魚介類、肉類、穀類 |
| | 銅（mg） | 0.7 | 10 | 0.6 | 10 | レバー、魚介類、種実類 |
| | マンガン（mg） | 4 | 11 | 3.5 | 11 | 穀類、豆類、種実類 |
| | ヨウ素（μg） | 95 | 3000 | 95 | 3000 | 海藻類、魚介類 |
| | セレン（μg） | 25 | 420～460 | 20 | 350 | 魚介類、肉類、卵 |
| | クロム（μg） | 10 | | 10 | | 魚介類、肉類、卵 |
| | モリブデン（μg） | 20～25 | 550 | 20 | 450 | 豆類、穀類、レバー |

必要量：十分な科学的根拠に基づき必要量が算定できない場合の目安量を含む
耐容上限量：これを超えて摂取すると健康障害のリスクが高まる量
出典：厚生労働省 2015 [42]

多量ミネラルのうち、耐容上限量が決められているのは、カルシウムとリンです。**ナトリウム**は食塩から摂取され、食塩は特に高血圧などの生活習慣病の観点から制限されています。しかし、耐容上限量は設定されていません。男性8.0g未満、女性7.0g未満という目標量がそれに近い値です。

**カリウム**は、体液の浸透圧調整、酸・塩基平衡の維持、神経や筋肉の興奮伝導などに関与しています。カリウムは多くの食品に含まれており、通常の食生活で不足することはありません。腎機能に障害がある場合には、カリウムの摂取量を制限する必要があります。健常者の場合は、カリウム摂取量の増加により、血圧低下や脳卒中予防などにつながる可能性が示唆されています。

**カルシウム**は、骨および歯に99%、残りは体液や細胞に存在しています。カルシウムは、骨を形成するほか、筋肉の収縮、視覚、免疫、止血、ホルモンの分泌など多くの生理機能にかかわっています。カルシウムの欠乏により、骨粗しょう症、高血圧、動脈硬化などを招くことがあります。一方、カルシウムの過剰摂取によって、泌尿器系結石、前立腺がん、鉄や亜鉛の吸収障害、便秘などが生じる可能性があります。

**マグネシウム**は、骨や歯の形成、体酵素反応、エネルギー産生などに関与しています。通常の食事によるマグネシウムの過剰摂取の影響は認められていません。ただし、食品以外のサプリメントなどによる過剰摂取では下痢が起こります。一方、低マグネシウム血症になると、嘔吐、眠気、脱力感、ふるえ、食欲不振などがあり、長期にわたると骨粗しょう症、心疾患などの生活習慣病の発症リスクが高まります。

**リン**の約85%は、骨のヒドロキシアパタイト（ハイドロキシアパタイト）と呼ばれるリン酸カルシウムを形成しています。また、

アデノシン三リン酸（ATP）などのエネルギー代謝にとって必須の成分となっています。リンを過剰摂取すると、副甲状腺機能の亢進をきたし、副甲状腺ホルモンが必要以上に作られます。その結果、骨粗しょう症、腎結石、胃・十二指腸潰瘍などを引き起こすことがあります。

微量ミネラルのうち、**鉄**、**亜鉛**、**銅**、**セレン**、および**クロム**は、サプリメントなどの不適切な摂取を除いて、通常の食事をしていれば過剰摂取になることはないと考えられています。

**マンガン**と**モリブデン**は、穀類や豆類に多く含まれることから、極端な菜食の場合には過剰摂取になることもあります。

**ヨウ素**は海藻類、特に昆布に高濃度で含まれるため、日本人は世界でもヨウ素の摂取量が特に多く、ヨウ素の過剰摂取の影響は受けにくい体質となっています。

多量ミネラルは、1日あたりの必要所要量が**100mg以上**、微量ミネラルは**100mg以下**です。ミネラルの量を意識して食事することは少ないでしょうし、意識したとしても食事からの摂取量を見積もることはできません。明らかなミネラルの不足による体調不良を除けば、結局は**栄養バランスのとれた食事をするべきだ**ということになります。

# ▶48

## ビタミンの摂取限界

### 脂溶性ビタミンの過剰摂取は健康障害をもたらす

　偏った食事をしていると、生体にさまざまな障害や病気が起こることは古くから知られていました。そのうちよく知られている疾患の1つが脚気（かっけ）です。脚気は、心不全と末梢神経障害により、動悸、全身の倦怠感、食欲不振、足のむくみなどの症状が現れ、ときとして死に至る恐ろしい病気です。

　江戸時代、江戸や大阪ではおいしい白米ばかりを食べることが一般庶民にも普及し、そのために栄養バランスが崩れ、数多くの人が脚気に罹患しました。江戸や大阪で多く見られる病気だったので、それぞれ「江戸患い」「大阪腫れ」と言われていました。

　脚気はビタミンB1の欠乏によって起こる病気です。ビタミンB1が多く含まれる食品は、糠（ぬか）、豚肉、レバー、豆類などです。したがって、糠がついている玄米を食べていれば、脚気になることはなかったのです。

　この米糠に含まれる生体にとって有効な成分が抽出されたとき、その中にアミンという窒素を含む有機化合物の性質が見つかりました。そこで、生命（vita：ラテン語）にとってのアミン（amine）ということから、vitamineと命名されました。その後、アミンではない物質も発見されたため、語尾のeを外して、ビタミン（vitamin）と呼ばれるようになりました。

　ビタミンは、生体にとっての必要量は極めて微量ですが、欠かすことのできない有機化合物（炭素化合物）の栄養素です。ビタミンは、炭水化物、脂質、タンパク質などのように、エネルギーの元や身体の構成物質ではなく、酵素が触媒する生化学反応を促

進する補酵素として作用します。ビタミンが不足すると、人間は健全な成長を妨げられ、健康を維持できなくなります。ビタミンのほとんどは、生体内では合成されず、合成されたとしてもその量が十分ではないこともあり、食物から摂取しなければなりません。

ビタミンは、水溶性と脂溶性に分けられています。**水溶性ビタミン**は、尿などによって体外に排出されやすく、身体の中に溜めておくことができません。したがって、必要な量を毎日摂る必要があります。一方、**脂溶性ビタミン**は、油と一緒に摂ると吸収率が上がり、身体の中に蓄積されやすい性質があります。排出されにくいために、摂取量が多いと過剰症となり、生体に悪影響を及ぼします。

水溶性ビタミンには、次の9種類があります。ナイアシンおよびパントテン酸は、それぞれビタミンB3およびビタミンB5と呼ばれることもあります。

| | | |
|---|---|---|
| ❏ ビタミンB1 | ❏ ビタミンB12 | ❏ パントテン酸 |
| ❏ ビタミンB2 | ❏ ビタミンC | ❏ 葉酸 |
| ❏ ビタミンB6 | ❏ ナイアシン | ❏ ビオチン |

脂溶性ビタミンには、ビタミンA、ビタミンD、ビタミンE、ビタミンKの4種類があります。

次の表には、それぞれのビタミンを多く含む食品、ビタミンが過不足した場合の症状を示しています。厚生労働省「日本人の食事摂取基準（2015年版）」では、水溶性ビタミンの1つであるビタミンB1の過剰摂取により、頭痛、苛立ち、不眠などの症状が現れることを指摘しています。しかし、これはビタミンB1欠乏症の

予防あるいは治療として使われているチアミン塩酸塩の過剰摂取によるものです。水溶性ビタミンは、通常の食品摂取であれば、過剰摂取による健康障害が発現することはありません。

■ ビタミンを多く含む食品と欠乏症および過剰症

| | | 多く含む食品 | 欠乏症 | 過剰症 |
|---|---|---|---|---|
| 水溶性 | ビタミンB1 | 肉、豆、玄米、チーズ、牛乳 | 脚気 | 頭痛、苛立ち、不眠、皮膚炎 |
| | ビタミンB2 | 肉、卵黄、緑黄色野菜 | 成長抑制、口内炎、皮膚炎 | |
| | ビタミンB6 | レバー、肉、卵、乳、魚、豆 | 皮膚炎、舌炎、うつ、錯乱 | |
| | ビタミンB12 | レバー、肉、魚、チーズ、卵 | 貧血、末梢神経障害 | |
| | ビタミンC | 緑黄色野菜、果物 | 壊血病 | |
| | ナイアシン | 魚介類、肉類、海藻類、種実類 | ペラグラ（皮膚炎、下痢） | |
| | パントテン酸 | レバー、卵黄、豆類 | 成長停止、頭痛、疲労 | |
| | 葉酸 | レバー、豆類、葉もの野菜、果物 | 貧血 | |
| | ビオチン | レバー、卵黄 | 皮膚炎、食欲不振、むかつき | |
| 脂溶性 | ビタミンA | レバー、卵、緑黄色野菜 | 夜盲症、角膜乾燥症 | 頭痛、脱毛、筋肉痛 |
| | ビタミンD | 肝油、魚、キノコ類 | 低カルシウム血症、くる病 | 高カルシウム血症、腎障害 |
| | ビタミンE | 大豆、穀類、緑黄色野菜 | 不妊、脳軟化症、肝臓壊死 | 出血傾向 |
| | ビタミンK | 納豆、緑黄色野菜 | 血液凝固遅延 | |

**4**

代謝機能

一方、脂溶性ビタミンの過剰摂取によって、明らかな健康障害が起こることが報告されています。

ビタミンAの過剰摂取は、大量のレバーやサプリメントの摂取が原因で、頭痛や脱毛、筋肉痛が起こります。

ビタミンDは、食物からの摂取に加えて、紫外線に当たることによって皮膚で合成されます。しかし、皮膚では必要以上のビタミンDは産生されません。サプリメントなどで多量の摂りすぎが続くと、高カルシウム血症、腎障害、軟組織の石灰化障害などが起こります。

ビタミンEは、通常の食品からの摂取によって欠乏症や過剰症をきたすことはありません。ただし、人体に最も多いビタミンEである$\alpha$-トコフェロールを低出生体重児に投与した場合に出血傾向が見られたとする報告があります。健康な成人では1日に800mgの$\alpha$-トコフェロール摂取でも、臨床的なデータに変化はなかったと報告されています。現在のところ800mg以上の投与実験は行われていないため、とりあえず成人では800mg前後が上限量とされています。

ビタミンKは、骨粗しょう症の治療薬としても使われていますが、これまで安全性についての問題点は指摘されていません。

次の表には、日本人成人男女の必要量および耐容上限量を示しています。単位はmgあるいは$\mu$gなので、ビタミンを摂取するために、実際にどれほどの食品を食べていいのか分かりにくいかもしれません。しかし多くのビタミンは、通常の偏食のない食事をしていれば、欠乏症あるいは過剰症にはならないと考えられています。栄養学の観点からは、**1日に30種類の食品摂取**が勧められています。30種類の食品を毎日食べていると、ビタミン不足の心配はまずありません。

■ ビタミンの必要量と耐容上限量

| | | 男性 | | 女性 | |
|---|---|---|---|---|---|
| | | 必要量 | 耐容上限量 | 必要量 | 耐容上限量 |
| 水溶性 | ビタミンB1 (mg) | 1.0～1.3 | | 0.8～0.9 | |
| | ビタミンB2 (mg) | 1.1～1.3 | | 0.9～1.0 | |
| | ビタミンB6 (mg) | 1.2 | | 1.0 | |
| | ビタミンB12 (μg) | 2.0 | | 2.0 | |
| | ビタミンC (mg) | 85 | | 85 | |
| | ナイアシン (mgNE) | 11～13 | | 8～10 | |
| | パントテン酸 (mg) | 5 | | 4～5 | |
| | 葉酸 (μg) | 200 | | 200 | |
| | ビオチン (μg) | 50 | | 50 | |
| 脂溶性 | ビタミンA (μgRAE) | 550～650 | 2700 | 450～500 | 2700 |
| | ビタミンD (μg) | 5.5 | 100 | 5.5 | 100 |
| | ビタミンE (mg) | 6.5 | 750～900 | 6 | 650～700 |
| | ビタミンK (μg) | 150 | | 150 | |

NE：ナイアシン当量＝ナイアシン＋1/60トリプトファン
RAE：レチノール活性当量＝レチノール＋βカロテン×(1/12)＋αカロテン×(1/24)
必要量：十分な科学的根拠に基づき必要量が算定できない場合の目安量を含む
耐容上限量：これを超えて摂取すると健康障害のリスクが高まる量
出典：厚生労働省 2015 [42]

▶ 49

# 食物繊維

多すぎても少なすぎてもダメ

食物繊維の定義については研究者のあいだで議論が続いています。日本では、

**人の消化酵素で消化されない、食物中の難消化性成分の総体**

とされています。1970年代以降、食物繊維の生理作用の研究が進み、今では生活習慣病予防に関連した効果が明らかにされています。アメリカ食品医薬品庁（2016年）は、食物繊維は、血糖値の低下、血中コレステロール値の低下、血圧の低下、ミネラルの吸収の増加、便通の改善、エネルギー摂取量の低減に明らかな効果があるとしています。

食物繊維は水に溶けやすい水溶性食物繊維と水に溶けない不溶性食物繊維に大別されます。食品にはこの両者の食物繊維が含まれていて、その割合は食品によりさまざまです。水溶性を多く含む食品は、果物、野菜、海藻類、大麦、ゴボウなどです。一方、不溶性は、果物、野菜、穀類、豆類、キノコ、エビやカニの甲羅などに多く含まれています。

水溶性食物繊維の摂取によって、糖質の消化・吸収速度が遅くなり、血糖値の上昇を抑え、インスリンの分泌が低下します。このような糖代謝が改善されることによって、糖尿病の予防につながります。

また、水溶性食物繊維は血中コレステロールを低下させるなど、脂質代謝にもよい効果があります。さらに、腸内の有用菌である

乳酸菌やビフィズス菌の餌となって、これらの菌の増殖を促し健康に寄与しているのです。

不溶性食物繊維は、水分を吸収して膨らむことによって腸壁を刺激し、排便を促す作用があります。同時に、大腸における便の通過時間が短くなることによって、毒素が腸内にとどまりにくいために、結腸がんや直腸がんの予防につながるとする研究も発表されています。

食物繊維の効果は実証されていますが、一方で、**摂りすぎると健康にとって逆効果**とも指摘されています。不溶性食物繊維を摂りすぎると、便が固くなり便秘や腹痛が生じます。便秘のために、便が長く腸内にとどまっていると、腐敗や発酵により悪玉菌が有毒なガスを発生させることもあります。

また、食物繊維の過剰摂取により、腸の蠕動運動（消化した食物を移動させたり便を体外へ排出させたりする運動）が過剰になり、人によっては下痢が起こる場合があります。特に、過敏性腸症候群の症状がある人は注意が必要です。

適度な食物繊維であれば、食品中のミネラルが溶けやすくなるため、ミネラル吸収はよくなります。しかし、過剰に摂取した場合は、カルシウムやマグネシウムなどのミネラルを吸着して排泄してしまいます。また、食物繊維の過剰摂取により下痢が起こると、ビタミンやミネラルが吸収されずに体外に排出されます。これは、水溶性食物繊維でも不溶性食物繊維でも、どちらの過剰摂取でもなりうる症状です。

厚生労働省は食物繊維の摂取量の目標値を18歳〜69歳の成人で、男性20g以上、女性18g以上と設定しています（食事摂取基準2015年）。一方、実際の日本人成人の食物繊維の摂取量は男性15.2g、女性が14.3gと大きく下回っています。1955年の調

査では1日の摂取量は22gでしたが、年を重ねるごとに食物繊維の摂取量は低下しているのです。

食物繊維摂取量が減少したのは、米離れとともに、大麦などの雑穀の摂取が減少したためだと考えられています。穀物よりキノコ、海藻、野菜などのほうが食物繊維の含有量は多いのですが、これらはたくさん食べることができません。**食物繊維の摂取量を増やすには、穀類の量を増やす**必要があります。

■ 食品と1食あたりの食物繊維量

| 食品（1食中の量） | 1食あたりの食物繊維量 (g) |
|---|---|
| 干し柿（70g） | 7.56 |
| カボチャ（100g） | 2.99 |
| サツマイモ（100g） | 2.32 |
| 枝豆（40g） | 2.18 |
| リンゴ（100g） | 1.63 |
| ゴボウ（40g） | 1.43 |
| 干しシイタケ（20g） | 0.87 |

出典：海老原清 2005 [43]

食物繊維の目標値は国によりかなりの差があります。アメリカの食事摂取基準では、食物繊維は、1000kcalあたり14g、あるいは成人男性で38g、女性では25gの摂取が推奨されています。この値は、心血管疾患に対する保護作用を示す疫学調査の結果に基づいています。摂取量の範囲を決めている国では、オランダ、南アフリカなどは30〜40gとしています。

食物繊維は多すぎても少なすぎても問題があります。日本人の場合、**40gが許容限界**だとする報告もあり、40gは一応の限界かもしれません。厚生労働省の目標値（次の表）と合わせると、

20gと40gが、それぞれ下限と上限になるのでしょう。

■ 日本人の食物繊維必要最低量

| 年齢（歳） | 男性・目標量(g/日) | 女性・目標量(g/日) |
|---|---|---|
| 6～7 | 11 | 10 |
| 8～9 | 12 | 12 |
| 10～11 | 13 | 13 |
| 12～14 | 17 | 16 |
| 15～17 | 19 | 17 |
| 18～29 | 20 | 18 |
| 30～49 | 20 | 18 |
| 50～69 | 20 | 18 |
| 70以上 | 19 | 17 |

出典：厚生労働省 2015 [42]

## ▶50

## 塩分摂取の許容限界

世界保健機関のガイドラインでは1日5g未満が目標

　我々が日常的に使用している食塩は、ほぼ純粋な**塩化ナトリウム**（NaCl）です。生体に及ぼす食塩の影響については、主にナトリウムによるものが議論の対象となっています。**ナトリウム**は腎臓の尿細管で再吸収され、生体内に常に一定のナトリウムがあるように調節されています。たとえば、体内に十分な食塩がある場合、1日8gの食塩を摂取しているときには、8gの食塩が汗や尿から排出されます。アマゾンに住むヤノマミ族は調味料とし

て塩を使いません。ヤノマミ族の尿からナトリウムはほとんど検出されず、1日の食塩摂取量は0.2g以下であったとする報告があります。

　したがって、腎臓機能が正常な人が通常の食事を摂っていれば、ナトリウム不足になることはまずありません。ただ、汗を多量にかくと、水分と同時に塩分も排出されます。このとき、水分だけ摂取すると、体内の塩分濃度が低下し、塩分濃度を上げるためにさらに水分が排出されます。このような状態になると脱水症状や、夏になると話題になる熱中症（P.226）も発症することがあります。また、筋肉からナトリウムが奪われ、筋収縮に異常をきたし、筋肉が痙攣を起こすこともあります。運動の際の水分補給としてスポーツドリンクなどが推奨される理由の1つは、塩分を含む飲料を摂取することで、こういった症状を避けるためです。

　一方、塩分を摂りすぎると口渇感、むくみなどの症状が現れますが、これらは一過性にすぎません。ただし、塩分の過剰摂取が続くと高血圧症、腎臓疾患、不整脈や心疾患などの循環系疾患、胃がんなどの罹患率が高くなります。とりわけ高血圧症は、他の病気の原因となる重要な疾患であることに加え、特に塩分摂取との関係が顕著であるため古くから注目されています。

　血液中の塩分濃度が上昇すると、血液の浸透圧が高まり、血管の中に水分が引き込まれ血液量が増えます。その結果、循環血液量が増加し、血液は血管の壁を強く押すほど勢いよく流れるようになります。このようにして、塩分摂取により血圧が上昇します。しかし、体内の塩分が増加すると、ナトリウムの排出が亢進することはすでに述べた通りです。血液量の増加が血圧を上げるのはそのときだけであって、慢性的な高血圧を説明することはできません。

慢性的な高血圧の原因の1つは、ナトリウムの排出を担っている腎臓の機能低下です。塩分の過剰摂取が続くと、腎臓に持続的な負担がかかり、血液を浄化する濾過機能が衰えます。濾過機能の低下を補償するために、自律神経が腎臓を通る血液量をさらに増加させることにより、血圧が高くなるのです。また、ナトリウムの排出を促すホルモンとして、強心薬としても使われるウワバインが腎臓から分泌されます。ウワバインには同時に血管収縮作用があります。これらの要因が重なって、食塩の持続的な過剰摂取が、慢性的な高血圧をもたらすと考えられています。しかし、いまだに塩分摂取と慢性的な高血圧との関係の全体像は明らかにされていません。

　日本では古くから、塩分摂取がたいへん多いことが知られています。特に東日本の摂取量は西日本と比較すると多く、高血圧の人も多いことが指摘されています。ただし、1998年に有名な医学雑誌に発表された論文は、食塩摂取が多いほど死亡率が低くなるという、これまでの見解とは大きく異なる研究結果でした。当然、数多くの反論がありましたが、この著者は日本を例に挙げ、塩分摂取が多くても長生きしているではないかと主張しました。おそらく塩分摂取と健康の関係についての議論はこれからも続くと思われます。

　2015年に厚生労働省は、高血圧予防のため食塩摂取量の目標値を**男性8.0g未満、女性7.0g未満**としました。厚生労働省の食塩摂取量の目標値は改定のたびに減っています。それでもこの値は世界的に見るとまだ高い値なのです。世界保健機関（WHO）の一般成人向けガイドラインでは**5g未満**、アメリカ心臓協会では一般成人が**5.8g未満**としています（図）。目標値はもちろん限界値ではありませんが、世界的な研究結果からもたらされた数値

ですから、健康のための許容限界と考えられないこともありません。**食塩摂取量を1日1g減らすと最高血圧が1mmHg下がる**との指摘もあります。健康維持の危険因子を少なくするためには、広く言われているように、薄めの味つけを心がけたほうがいいでしょう。

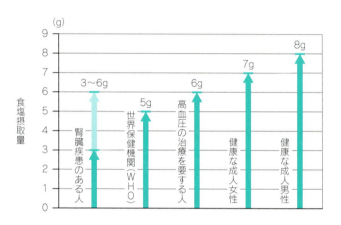

■ 1日の食塩摂取量の目標値

## ▶51
# GI値とGL値
### GI値が大きい食事は肥満につながる

**グリセミックインデックス**（**グリセミック指数**、glycemic index）とは、食べた直後から2時間までに、血糖値がどれくらい上昇するかを、食品ごとに数値化したものです。グリセミックインデッ

クスはGI値とも表現されます。

　GI値は、食品に含まれる炭水化物50gを摂取した際の血糖値上昇の度合いを、ブドウ糖（グルコース）を100とした相対値で表します。GI値が高いということは、食後の血糖値の上昇が大きい食品であることを意味します（表）。

■ さまざまな食品のGI値

| GI 値 | 食品 |
|---|---|
| 100 | ブドウ糖 |
| 90 ~ 99 | 食パン、フランスパン |
| 80 ~ 89 | 精白米、もち、うどん、にんじん |
| 70 ~ 79 | コーンフレーク |
| 60 ~ 69 | クロワッサン、アイスクリーム、かぼちゃ |
| 50 ~ 59 | 炊いたご飯、玄米、とうもろこし、バナナ、ぶどう |
| 40 ~ 49 | オレンジ、チョコレート、アップルジュース、桃 |
| 30 ~ 39 | スパゲッティ、ヨーグルト、りんご、梨 |
| 20 ~ 29 | ソーセージ、牛乳、グレープフルーツ |
| 10 ~ 19 | ピーナッツ |

　白米のGI値は88ですが、玄米は55です。含まれる炭水化物の量は同じでも、玄米のほうが消化・吸収に時間がかかるのでGI値は低いのです。

　炭水化物の中でもブドウ糖の割合が多い食品を摂取すると、血糖値は食後直ちに上昇します。血糖値が上がると、インスリンが分泌されて血糖値は下がります。しかし、高GI値の食事を続けていくと、高血糖の状態が続き、糖尿病の危険性が増します。さらに、糖化反応が亢進することになり、老化現象の促進にもつながります（老化の項（P.207）を参照）。GI値は、70以上であれ

ば高、55〜70は中、55以下は低と区分される場合もあります。糖化反応を引き起こさないためには、**GI値の許容限界は60以下**という研究結果が発表されています。60以下の食品であれば、老化や生活習慣病を亢進させないのです。

　高GI値の食事によりインスリンが分泌された結果、血糖値は下がりますが、空腹感を早く感じるようになります。

　肥満の若者を対象として、炭水化物と脂肪の分量とカロリーは等しいものの、GI値が異なる3種類の食事をさせました。GI値が小さい食事、中くらいの食事、そして大きい食事です。まず、全員に朝と昼の2回、GI値が小さい食事を摂らせました。食後、お腹が空いたら自由に間食を摂らせました。同じような手順で、2週間後にGI値が中くらいの食事、さらに2週間後にGI値の大きい食事について調査しました。

　その結果、GI値が大きい食事では、すぐに空腹になり、間食を食べずにはいられなかったのです。間食を含めると、GI値が大きい食事を摂ったときには、GI値が中くらいあるいは小さい食事のときよりも総摂取カロリーが増加しました。**GI値が大きい食事を続けると、食べる量が増え、肥満になる可能性が高まる**ことを示しています。

　一方、GI値が低い食物であれば、食後の血糖値の上昇は小さく、インスリンの分泌は抑えられます（次の図を参照）。

　GI値が低い食物は、芋類を除く野菜類、果物、魚、肉、卵、海藻などです。**食物繊維、タンパク質、脂質などを多く含む食品は、一般にGI値が低い**と考えていいでしょう。これらの食品の摂取では、血糖値が緩やかに上昇して下降しにくい傾向になり、いわゆる腹持ちのいい状態になります。血糖値の急上昇を防ぎ、太りにくくするためにはGI値は低いほどいいのです。

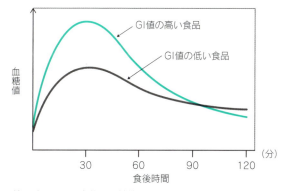

■ GI値の違いによる食後の血糖値

　しかし、この結論には1つ問題があります。それは、GI値は食物に含まれる炭水化物50gあたりで計算した値であるということです。**低GI値の食品であっても、たくさん食べると血糖値は上昇する**ことになります。果物類は甘いのでGI値が高そうですが、ぶどう50、桃41、梨32と、それほど高いわけではありません。しかし、果物類も食べすぎると血糖値は上がってしまいます。

　GI値は、食品に含まれる炭水化物を50gとして算出しているために、それぞれの食品の評価には有効ですが、**食べた量は反映されない**という欠点があります。これを解決するために考案されたのがグリセミックロード（グリセミック負荷、glycemic load、GL）です。次の式によって算出します。

## GL値＝1食分の炭水化物（g）×GI値÷100

　たとえば、標準的なリンゴ255gを食べるとします。このリンゴのGI値は36で、1個につき約37gの炭水化物が含まれています。

これを1個食べたときのGL値は

$37g \times 36 \div 100 = 13.3$

です。2個食べたとすると、炭水化物の量が74gとなって、GL値は2倍の26.6になります。

　血糖値に影響するのは、食物に含まれる炭水化物の量なので、GL値は実際の食生活により近い数値を把握できるのです。

　GL値は料理法によっても変わってきます。白米（150g）のGL値は47、うどん（180g）は22、そば（180g）は23と、日本人が好む主食は高い値です。血糖値の観点からすると、GL値が低い10以下であれば問題はなく、11〜19の中程度であれば要注意、20以上と高GLになると厳重注意です。

## ▶52
## 飲酒の許容限界

### 1日20g程度のアルコール摂取が死亡率を下げるとも

　世の中には「酒は天の美禄」と考える人も多いのでしょうが、いわゆる下戸の人の中には、酒宴を苦痛に感じている人もいると思います。

　アルコールに対する強い弱いは、その人の持つ**分解酵素**によって決まります。アルコールを摂取すると、胃から20%、小腸から80%吸収されて、肝臓に送られます。肝臓では、**アルコール脱水素酵素（ADH）**により直ちにアルコールの分解が始まります。

アルコール摂取量が多くなり、ADHだけで対処できなくなると、ミクロソーム・エタノール酸化系（MEOS）が活性化します。頻繁な飲酒によって酒に強くなることがありますが、その理由の1つはMEOS活性が亢進するためです。

ADHとMEOSにより、アルコールはアセトアルデヒドに分解されます。アセトアルデヒドの血中濃度が増加すると、顔が赤くなったり、動悸、頭痛、嘔吐、精神錯乱など、いわゆる「酒に酔った」状態となります。**日本人の約4割は、このアセトアルデヒドを分解する酵素が不足している**と言われています。欧米人に比べ、日本人が酒に弱い理由は、この酵素が不足していて、体質的に大量のアルコールの分解ができないためです。

「酒は百薬の長」と言われているように、飲酒は適量であれば健康にとってよい効果があると考えられています。お酒を飲む人にとってはまさに金言でしょう。

実際に飲酒量を横軸にとり死亡率との関係を見てみると、飲酒量が少なくても多くても死亡率は高くなり、死亡率が最も低くなる飲酒量が存在します。飲酒量と死亡率の関係をグラフにすると、Jの字に似ているので、Jカーブ効果と呼ばれています（次ページの2つの図）。

また、飲酒量と疾病率との関係にもJカーブ効果が認められることがあります。適度な飲酒が予防あるいは改善に効果的と考えられている病気は、2型糖尿病、虚血性心疾患（心筋梗塞や狭心症）、脳梗塞などです。一方、高血圧、脂質異常症、脳出血、乳がんなどは、飲酒量が増えるに従い罹患率は高くなっていきます。

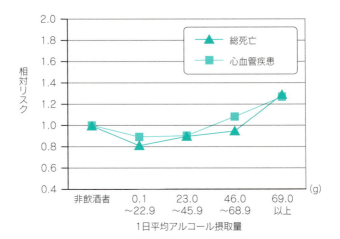

■ アルコール摂取量と死亡率および心血管疾患の関係(男性)
出典:Lin, Y. et al. 2005 [44]

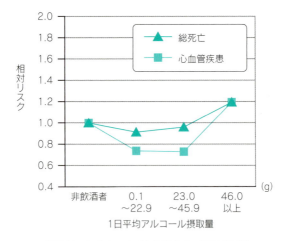

■ アルコール摂取量と死亡率および心血管疾患の関係(女性)
出典:Lin, Y. et al. 2005 [44]

それでは、適度な飲酒量とはどの程度なのでしょうか？　欧米の研究では、男女とも1日平均19gのアルコール摂取が、死亡率が最も低かったと報告されています。日本の研究によると、男女とも1日平均23gのアルコール摂取が、死亡率を低下させると報告されています。

　欧米人よりも酒に弱いとされている日本人の適度なアルコール量が多いことが気になりますが、これは調査対象者の年齢や地域、調査時期など調査方法の影響があると考えられます。いずれにせよ、**アルコールの摂取は1日20g前後が死亡率を下げる**ようです。

　厚生労働省が推進する「健康日本21」では、酒が弱い日本人のための「節度ある適度な飲酒」というのは、1回量としてアルコール量20g程度としています。

　**アルコール量**は、厚生労働省が提供する健康情報サイト「e-ヘルスネット」（www.e-healthnet.mhlw.go.jp）によると、以下の式で算出されます。なお、最後に0.8を掛けているのは、アルコールの比重を考慮するためです。

**アルコール量 (g) ＝量 (mL) ×度数× 0.8**

　日本酒のアルコール度数を15％とすると、1合（約180mL）のアルコール量は180 × 0.15 × 0.8 ＝約22gとなります。大まかに言うと日本酒1合が、節度があり、しかも健康にとって適度な飲酒量ということになります。

　ちなみにアルコール量20gとは、ビール・酎ハイ（度数5％）500mL、日本酒・ワイン（度数15％）1合180mL、焼酎（度数25％）0.6合110mL、ウイスキー（度数43％）ダブル60mLが大まかな目安になります。

**4**
代謝機能

同じく「健康日本21」では、「多量飲酒」を1回量としてアルコール量60g以上としています。多量飲酒ですから限界ではありませんが、アルコール量60gであれば、日本酒2合強程度となります。

　表には、日本酒1合を1単位として、飲酒量、酩酊度および血中アルコール濃度の関係を示しています。3単位を超えると気分が高揚する酩酊期に入っていくことになります。毎日3単位を5年以上続けている人は**常習飲酒者**と呼ばれており、脂肪肝が形成されます。したがって、毎日飲酒する場合の健康を考慮した限界は**日本酒3合以下**であり、ときどきはアルコールの代わりにお茶で濁しておくほうがいいでしょう。

■ 飲酒量と症状およびアルコール血中濃度の関係

| 酒の単位数 | ステージ | 症状 | アルコールの最高血中濃度(%) |
|---|---|---|---|
| 1単位 | 爽快期 | 日常生活に支障なし | 0.01～0.04 |
| 2単位 | ほろ酔い1期 | ほろ酔い機嫌 | 0.05～0.1 |
| 3～4単位 | ほろ酔い2期<br>(酩酊初期) | 笑い上戸、泣き上戸 | 0.11～0.15 |
| 5～7単位 | 酩酊極期 | 千鳥足、絡む、嘔吐 | 0.16～0.3 |
| 8～9単位 | 抱柱期 | 支離滅裂 | 0.3～0.4 |
| 10単位 | 昏睡期 | 救急車 | 0.4～0.5 |
| 10単位超 | 昏睡期 | 集中治療室 | 0.6～ |

出典：梅田悦生 2005 [45]

第 **5** 章

# 適応機能

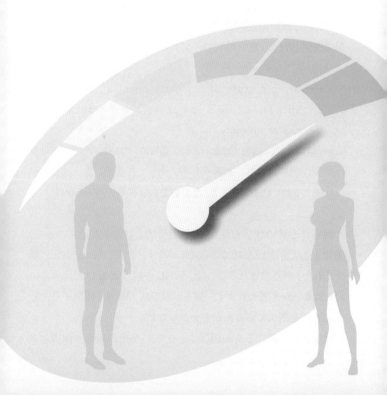

## ▶53 健康維持

健康寿命と平均寿命の差をいかに短くするか

健康という言葉には明確な定義はなく、そのとらえ方は個人あるいは集団によって異なります。たとえば、「子どもが健康である」と言う場合、外で元気に遊ぶ姿を想像しますが、「高齢者が健康である」と言う場合は、元気に飛び回るのではなく、のんびりと散歩する姿を想像するはずです。健康のとらえ方は、年齢だけでなく、性、民族、地域、文化、時代など多くの要因に影響を受けるのです。

おそらく健康の定義として世界で最も知られているのは、世界保健機関（WHO）憲章の次の一文だろうと思います。

> Health is a state of complete physical, mental and social well-being and not merely the absence of disease or infirmity.
> 「健康とは、病気ではないとか、弱っていないということではなく、肉体的にも、精神的にも、そして社会的にも、すべてが満たされた状態にあることを言います」（日本WHO協会訳）

健康に心身の状態だけでなく、社会的な状態を加えることで、健康をとても広い意味でとらえています。ただ、「complete、満たされた」が要求されるならば、WHOの言う健康な人は少ないのではないかと思われます。何らかの疾病、障害、体調不良、社会的問題を抱えている人が多いからです。

健康という概念を少し幅広くとって、「多少の疾病や障害はあ

るけれども自立して活動できる状態」と考えると、健康寿命はその尺度になりえます。健康寿命は、やはりWHOが提唱したもので、次のように定義されています。

　　健康上の問題て日常生活が制限されることなく生活できる期間

健康寿命が延びることによって、QOL（quality of life、生活の質、人生の質）の充実がはかれるのです。ただ単に寿命を延長するだけでなく、人間らしい生活を送り、いかに人生に幸福を見出しているかが大事なのです。

健康上の問題で日常生活が制限されることなく生活できる期間とは、他人の手助けを必要としないで自力で食事、移動、排泄、入浴など日常生活動作（ADL、activities of daily living）が可能である期間のことです。さらに、認知症などの精神疾患がなく、自分の意思によって生活できるという条件も加わります。

厚生労働省が発表した我が国の2013年の健康寿命は、**男性71.19歳**（平均寿命80.21歳）、**女性74.21歳**（同86.61歳）です。平均寿命との差は、男女それぞれ9.02年および12.40年です（次ページの図を参照）。この期間は寝たきり、重度の病気あるいは障害のために介護支援が必要となり、他人の力を借りて生活していかなければなりません。健康寿命と平均寿命の差をいかに短くするか、言い換えると、**自立できる健康をいかに維持していくか**が重要なのです。

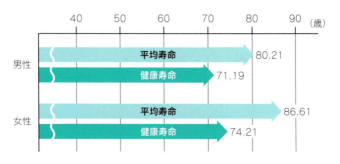

■ 平均寿命と健康寿命
出典：厚生労働省 2016 [46]

　生きているからには、いつまでも若く健康でいたいものです。しかし、加齢に伴う身体の衰えは、誰も避けて通ることはできません。厚生労働省の2016年の国民生活基礎調査によると、病気などで通院している人の1000人あたりの割合で見ると、男女とも10〜19歳が最も低く、年齢階級が高くなるに従って上昇しています。50〜59歳では、男女とも400人を超え、70〜79歳では7割の人が通院しているのです。この値は2013年とほとんど変わっていません。通院なのでそれほど重症ではないのでしょうが、それでもたいへん高い割合です。疾病は、男女とも高血圧が圧倒的に多く、次いで男性では糖尿病、女性では眼の病気が続いています。

　一方、通院者が多いにもかかわらず、健康意識の調査では問題はないと考えている人が多くなっています。健康と思っている人の割合は、「よい」「まあよい」「ふつう」を合わせると、6歳以上の対象者全体では男女ともそれぞれ85%程度です。60歳代になっても、男女とも健康感の低下はほとんど認められません。70歳代になるとさすがに少し減少して、男女とも約77%になります。

日本は平均寿命も健康寿命も世界最高レベルです。平均寿命も健康寿命も延ばし続けながら、なおかつ両者の差をいかに縮めるかが今後の課題です。

## ▶54

# 寿命の限界

最長寿命は122年と164日

公式記録史上最も長生きをした人は、フランス人女性ジャンヌ・ルイーズ・カルマンさん(1875年2月21日〜1997年8月4日)で、実に**122年と164日**生きました。また、最も長生きした男性は、日本人の木村次郎右衛門さん(1897年(明治30年)4月19日〜2013年(平成25年)6月12日)で、**116歳**で亡くなられました。

これまで世界中で長生きした人を分析資料として、人間の**最長寿命**は何歳なのかという研究結果が、2016年に人口統計学的解析を基に*Nature*誌に発表されました。この研究では、今後最も長生きできる人間の寿命は**125歳**、平均寿命(0歳児の平均余命)の最大値は**115歳**としています。また、今後カルマンさんを超える長寿者が現れる確率は極めて低いだろうと結論づけています。しかしながら、これまで限界と考えられていた人間の寿命は、時代とともに徐々に延長されてきたという歴史があります。今後も生命科学の研究が進むことによって、人間の寿命の限界が更新される可能性は否定できません。

我が国の場合、1955年から1960年までは、医学の進歩による0〜14歳の死亡率低下が大きく影響して、寿命の延びに貢献し

ました(図)。そして現在は、65歳以上の老人が長生きしていることで、平均寿命の延びを説明することができます。

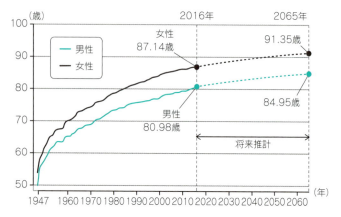

■ 日本人の平均寿命の推移
出典:厚生労働省 2016 [46]

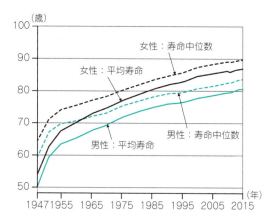

■ 日本人の平均寿命の延び
　注1) 2010年以前は完全生命表による。　注2) 1970年以前は沖縄県を除く値である。
出典:厚生労働省 2016 [46]

それでは、高齢になって寿命を決定している要因はいったい何でしょうか？　生命を脅かすような重篤な病気にかからず、天寿を全うしたとすると、その天寿を決める要因は何でしょうか？

　その要因の1つと考えられているのが、**細胞分裂回数の限界**です。少し古い話ですが、アメリカの解剖学者であるレオナルド・ヘイフリック教授は1961年、細胞の分裂には限界があるという細胞老化説を提唱しました（**ヘイフリックの限界**）。その後の研究においてもヘイフリックの限界は確認され、そのメカニズムについても明らかにされました。染色体の末端にはDNAを守る特殊な構造である**テロメア**と呼ばれているタンパク質があります。このテロメアは細胞分裂のたびに短くなり、テロメアがなくなると染色体に異常が起こり、死に至るのです。**人間の細胞分裂回数の限界は約50回**と考えられており、この回数から考えられる寿命は約120年なのです。この年数は、世界一の長寿者であるカルマンさんの寿命とほぼ一致しています。

　がん細胞は細胞分裂の限界数を超えて分裂を続けます。これは、がん細胞には**テロメラーゼ**という、テロメアを修復できる酵素が大量に存在しているからです。したがって、テロメラーゼ活性を抑えるとがん治療に効果があることになり、逆に正常細胞においてこの活性を高めておくと、老化を遅らせ、長寿につながることが考えられます。テロメラーゼを不老に応用する研究は行われていますが、人間の老化を遅らせるまでの成果はまだ出ていません。

　ところで、ご存知の通り日本は世界に冠たる長寿国です。2016年の日本人の平均寿命は男性が**80.98歳**、女性は**87.14歳**でした。前年の平均寿命から、男性は0.23歳、女性は0.15歳延び、男女とも平均寿命は香港に次ぐ世界第2位でした。また、2017年10月現在、存命している最長寿者は男女とも日本人です。

女性最長寿者は鹿児島に住む117歳の田島ナビさんで、男性は北海道に住む112歳の野中正造さんです。さらに、2017年4月時点において、世界長寿者の上位10名はすべて女性です。そのうち田島ナビさんを筆頭に5名の日本人が入っています（表）。

■ 世界の長寿者の上位10人（2017年4月時点）

| 名前 | 年齢 | 国 |
|------|------|-----|
| バイオレット・ブラウン※ | 117歳 | ジャマイカ |
| 田島ナビ | 116歳 | 日本 |
| 都千代 | 115歳 | 日本 |
| アナ・ベラ・ルビオ | 115歳 | スペイン |
| マリー・ジョセフィーヌ・ガウデット | 115歳 | イタリア |
| ジュゼッピーナ・プロジェット・フラウ | 114歳 | イタリア |
| 田中カ子 | 114歳 | 日本 |
| マリア・ジュゼッパ・ロブッチ・ナルチーゾ | 114歳 | イタリア |
| 中村いそ | 113歳 | 日本 |
| 伊藤タエ | 113歳 | 日本 |

※ 2017年9月15日逝去
出典：Gerontology Research Group [47]

このように現在、日本は長寿国として数々の記録を有しています。しかし2030年になると、女性は世界第3位、男性は11位に転落するという、少し気になる論文がイギリスの医学誌に発表されました。2030年の平均寿命は、男女とも韓国が世界一となり、それぞれ90.82歳、81.07歳になると予想されています。主な原因は、韓国では肥満者が少ないだけでなく、高血圧の人が他国よりも圧倒的に少なく、国をあげた健康推進運動が功を奏するからとされています。日本人も現在の寿命に満足することなく、将来を見据えた健康意識の醸成が必要なようです。

▶55

# 老化

老化の原因は酸化と糖化

**老化**は、今様の言葉で表現するならば**エイジング**です。老化とは、時間経過に伴い身体のすべての部位に現れる不可逆的な、分子、形態、および生理の変化です。この変化は**生理的老化**と呼ばれていて、がん、心臓・脳血管疾患、糖尿病などの老年疾患・老年病とは区別されています。ただ、真の老化の限界は老衰と考えられますが、これによる死亡率は約3％にすぎません。したがって、平均寿命から老化をとらえることはできません。老化の限界は、寿命の限界の項（P.203）で述べている最長寿命から推定することができます。

老化の研究は古くから行われてきました。老化の原因として考えられている説は、大別すると2つに分けることができます。1つは、細胞の老化は成熟と同じように遺伝子によって制御されているという**遺伝子プログラム説**です。もう1つは、活性酸素が酸化障害を与えるという**活性酸素説**や、細胞内に代謝産物や老廃物が蓄積することによって機能を老化させるという**老廃物蓄積説**などのように、外部環境によって自然に老化が進行するという考え方です。

人間の老化の原因が、遺伝子なのか環境なのかを明らかにするのは容易ではありません。遺伝子の研究ならば、何世代にもわたって観察を続けなければなりません。環境の影響を調べるのであれば、一定の環境下で生活させて、その環境因子を除去しなければならず、事実上人間を対象として老化を解明することはできないのです。動物を使って研究は進められていますが、老化に

関係する要因が多すぎて、老化の原因が明らかになるのは遠い未来になるでしょう。

老廃物蓄積説の中で、以前から老化の原因として注目されている物質の1つが活性酸素です。活性酸素には強い酸化作用があり、細胞が酸化されることによって老化が亢進するという説です。また、最近特に注目されているのが糖化反応説です。糖化とは、食事などから摂った余分な糖質が体内のタンパク質や脂質と結びついて、細胞などを劣化させる現象のことを言います。活性酸素による酸化が「体のサビ」と言われるのに対して、糖化は「体のコゲ」とも呼ばれています。

糖化は、フランス人のルイ・カミーユ・メヤールによって発見されました。メヤールを英語読みするとメイラードとなり、糖化はメイラード反応とも呼ばれています。卵に砂糖を入れて卵焼きを作るとき、少し強火で焼くと褐色になります。これが糖化です。食物による糖化は、香りはいいのですが、生体内ではいろいろな障害を引き起こします。肌のハリを保つコラーゲン繊維が糖化によって破壊されると、肌は弾力を失ってしまいます。また、糖化によって生み出された老廃物が皮膚の細胞に沈着すると、シミやくすみとなって肌の透明感が失われます。これらの原因は糖化により、終末糖化産物（AGE、advanced glycation endproduct）という物質が作られることによって生じます。

糖化によって作られるAGEは老化促進物質と考えられています。AGEは内臓をはじめとする体内組織に作用して、多くの病気の原因となることが知られています。たとえばAGEが血管の組織に作用すると、血管壁に炎症が起こり、動脈硬化が発症します。動脈硬化は、高血圧、心筋梗塞、脳梗塞などにつながります。腎臓は血液を濾過して尿を作る働きがあります。濾過する膜はタ

ンパク質からできているので、このタンパク質が糖化作用を受けてAGEを作り出し、腎機能が障害を受けることがあります。その他、アルツハイマー病、骨粗しょう症、白内障など、AGEは老化に伴い発症する病気と密接な関係があるのです。

AGEには、体内で生成されたものと体外から摂取されたものがあります。糖をたくさん摂取するとAGE値が上昇するのは当然のことです。AGEができやすいのは、食後血糖値が上昇する1時間以内です。これは食後30分から1時間で血糖値が上がるため、そのときに糖化が起こってしまうからです。一般的な健康診断で空腹時血糖値とヘモグロビンA1cが正常だと判断されても、食後の血糖値が150や200を超えている場合は糖化が進んでしまいます。つまり、**糖化を防ぐには、食後の血糖値の上昇を抑える**必要があります。

食品に含まれるAGEの約7%は体内に吸収されます。AGEの値は、ku/100gまたはexAGEという単位で表現されます。1日あたりのAGEの摂取量の上限の目安は**15000exAGE**とされています。1週間の目安は**105000exAGE**です。

同じ食材でも、加熱するほどAGE値が大きくなります（次ページの表を参照）。たとえば同じ卵でも、生卵（100g）のAGE値は117exAGE、オムレツのAGE値は513exAGEとなり生卵に比べて5倍になります。目玉焼きは生卵の15倍、砂糖を入れた玉子焼きにすると実に200倍となります。生肉100gのAGE値は761exAGEです。肉を1時間煮た100gのAGE値は1112exAGEです。肉を15分間焼いた100gのAGE値は5769exAGEです。

糖化を防ぐには、糖分が少ない食物、あるいはグリセミックインデックス（P.190）の小さな食物を選ぶほうがいいのです。

**5**

適応機能

■ AGE含有量

| 食品名（調理法） | AGE値（ku/100g） |
|---|---|
| 牛肉（ステーキ/フライパン） | 10058 |
| 牛肉（直火焼き） | 7497 |
| フランクフルト（直火焼き） | 11270 |
| フランクフルト（ゆでる） | 7484 |
| 鶏肉（唐揚げ） | 9732 |
| 鶏肉（バーベキュー） | 8802 |
| 鶏肉（水炊き） | 957 |
| 鮭（焼く/フライパン） | 3084 |
| 鮭（スモーク） | 572 |
| 鮭（生） | 528 |
| ビスケット | 1470 |
| ドーナツ | 1407 |
| りんご | 13 |
| バナナ | 9 |
| はちみつ | 7 |

出典：AGE測定推進協会[48]

▶56

# 身長の限界

## 日本人の身長の伸び率は10年間停滞

人間の身長の限界を特定することはできませんが、これまで最も身長が低い人あるいは高い人の値を見ると、大まかな限界を知ることはできます。記録が残っている最も低い成人男性の身長は、喘息と気管支炎に苦しみ、1997年に39歳で亡くなったイン

ド人の**57cm**であり、成人女性では1895年に肺炎と骨髄炎を併発し、19歳で亡くなったオランダ人の**61cm**です。低身長、つまり発育障害は、成長ホルモンを中心とした成長にかかわるホルモン分泌の異常や、膠原病、先天性代謝異常、先天性免疫不全など多くの小児慢性疾患が原因と考えられています。そのため、低身長の人は、疾病などが原因で健康を害しているケースが多く見られます。

　一方、世界で一番身長の高い人間と考えられているのは、男性ではアメリカ人のロバート・パーシング・ワドローさん（1918年2月22日〜1940年7月15日）で、死ぬまで身長が伸び続け、22歳で亡くなったときの身長は**272cm**でした。女性は、中国人の曾金蓮さん（1964年6月26日〜1982年2月14日）で、**248cm**でした。2人とも脳下垂体に腫瘍があったとされており、成長ホルモンの産出が持続的、かつ異常に高まっていたものと考えられます。

　一般に、北欧諸国などヨーロッパ北部に住む人たちは高身長であり、男性の平均身長は180cmを超えています。日本人男性の平均身長は一番高くなる年齢層であっても172cm程度ですから、最も背の高いオランダ人男性の182cmより平均でちょうど10cm低くなっています。北欧の人々が高身長になった理由の1つは、寒さのために植物が十分に育たず、そのため動物性食物の摂取比率が高かったからだと考えられています。特に、チーズやバターなどの乳製品はカルシウム量が多いだけでなく、吸収率も高いのです。

　第二次世界大戦後、日本人の栄養状態は改善され、その結果、身長の伸び率は増加しました。タンパク質摂取量が1日80gまでは、身長とタンパク質摂取量に直線的な相関関係が認められています。日本人のタンパク質摂取量はすでに80g程度なので、タンパク質

摂取量をこれ以上増やしても身長は伸びにくいことになります。

　一般的な日本人にとって、高身長はあこがれであり、長いあいだ身長の増大に努力してきたと言ってもいいでしょう。実際に日本人の身長は第二次世界大戦後急激な伸びを示し、平均値では欧米人、特に南ヨーロッパ人にはあと数cmで追いつくところまで伸びてきました。しかしながら、図に示した高校3年生の身長の記録から分かるように、ここ10年程度は男女とも伸び率が停滞しています。それでは、日本人の身長は限界に達しているのでしょうか？

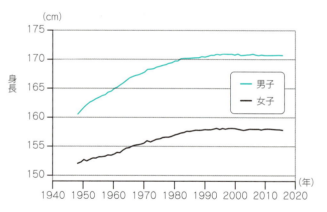

■ 高校3年生の身長の推移
出典：厚生労働省 2016 [49]

　欧米人と比較して、日本人の身長が低い理由の1つは、**日本人が早熟である**ことです。日本人では女子のほうが男子より身長の成熟は早いのですが、身長は男女とも20歳前後で最大に達します。成熟すると骨の成長は止まってしまいます。日本人は欧米人より成熟が早いために、成長が欧米人より早く止まり、結果

として身長が低くなっているのです。早熟である理由としては、人種、遺伝、自然環境などが考えられますが、明確にはされていません。

現代の子どもたちの食生活に関しては、タンパク質は十分であっても、**栄養のアンバランス**に問題があるようです。インスタント食品やスナック菓子の過剰摂取により炭水化物や脂肪の摂取量が多いのに対し、カルシウム不足、ビタミン不足、食塩の多量摂取、偏食などが指摘されています。このような食生活の偏りが、身長の増加に悪影響を及ぼしている可能性は否定できません。

栄養の偏りや早熟であること以外に、日本人の身長が伸びない理由として、近年の特徴的な生活習慣が指摘されています。テレビの見すぎやテレビゲームの普及による**運動不足**、塾通いによる**睡眠不足**、いじめなどによる**情緒不安定**など、多くの要因が身長増加を阻害しているのです。したがって、栄養のアンバランスをなくし、生活習慣を改めれば、日本人の身長の限界を伸ばせる可能性はあるかもしれません。

## ▶57
# 体重の限界
### 標準体重の75%が健康を維持しうる限界

記録が残っている中で、これまで世界一体重が重かった人は男女ともアメリカ人で、男性はジョン・ブラワー・ミノックさん(1941〜1983年)の**635kg**、女性はロザリー・ブラッドフォードさん(1944〜1983年)の**544kg**です(ギネス世界記録2014)。キ

ャロル・アン・イエーガさん（1960〜1994年）というやはりアメリカ人女性が**730kg**であったという話もありますが、これは正式に確認されているわけではないようです。

人間の身体全体の組成を論じるときには、脂肪とそれ以外の除脂肪（骨、筋肉、内臓など）に分けることがあります。一般人の**除脂肪体重は男性で約100kg、女性で約70kgが最大**と言われています。これを男性の最大体重635kgに当てはめると、実に535kgは脂肪ということになります。このような人たちは歩くのはもちろんのこと、立つこともできず、自立した生活を送ることはできません。

体格を表す指標として、1994年に世界保健機関（WHO）で定められた**BMI**（body mass index）が世界中で使用されています。BMI＝体重（kg）÷身長（m）$^2$で求められます。BMIが18.5未満を低体重、18.5以上25.0未満を標準、25.0以上30.0未満を肥満1度、30.0以上35.0未満を肥満2度、35.0以上40.0未満を肥満3度、および40.0以上を肥満4度と判定しています。

日本人にとって最も健康的なBMIは、**男性が22.0、女性が21.0**です。これらの値は、相撲力士やラグビー選手など、身体を鍛えることによって筋肉が大きくなった人には当てはまりません。しかし、多くの人にとってはこれらを基準値と考えていいでしょう。したがって、一般の人にとって**低体重と評価される境界値であるBMIの18.5と、肥満と判定される25.0は、健康にとってのBMIのそれぞれ上下の許容限界**ということになります

また、肥満でもなく、やせてもいなくて、最も病気にかかりにくい健康的な体重を**標準体重**と言います。世界的に使用されている成人の標準体重計算式は以下の通りです。

**標準体重＝22×身長（m）×身長（m）**

　標準体重は、健康にとって理想的なBMIである22から逆算することになります。表にはBMIと身長から算出した体重を示しています。各身長における標準体重は、BMI＝22.0のときの体重となります。表から分かるように、たとえば身長が150cmの人の体重が41.6kg以下であれば低体重、56.3kg以上であれば肥満と判定されます。身長が170cmの人は、体重が53.5kg以下であれば低体重、72.3kg以上であれば肥満の域に入ることになります。

■ BMIと身長から算出した体重（kg）

| 身長（cm） | BMI | | | | | |
|---|---|---|---|---|---|---|
| | 18.5 | 22.0 | 25.0 | 30.0 | 35.0 | 40.0 |
| 140 | 36.3 | **43.1** | 49.0 | 58.8 | 68.6 | 78.4 |
| 150 | 41.6 | **49.5** | 56.3 | 67.5 | 78.8 | 90.0 |
| 160 | 47.4 | **56.3** | 64.0 | 76.8 | 89.6 | 102.4 |
| 170 | 53.5 | **63.6** | 72.3 | 86.7 | 101.2 | 115.6 |
| 180 | 59.9 | **71.3** | 81.0 | 97.2 | 113.4 | 129.6 |
| 190 | 66.8 | **79.4** | 90.3 | 108.3 | 126.4 | 144.4 |

　体重が増えることによる身体の不調や障害についてはよく知られています。肥満になると、高血圧症、脂質異常症（高脂血症）、糖尿病などの生活習慣病の罹患率が上昇します。さらに、自重を支えるために負担が増えるので、足首、膝、股関節、腰などの部位に怪我が起こりやすくなります。

　一方、低体重も身体に重大な影響をもたらします。女性は痩身に対して美を感じる傾向にあり、やせることへの願望が強くなることがあります。また、女性によく見られるのは、自分を常

**5**

**適応機能**

に過度に太っていると評価し、その結果、食欲不振症に陥る現象です。特に、心身医学分野で見られる**拒食症**は、軽い食事制限のつもりだったのが、そのうち食べることに恐怖を抱くようになる精神障害の1つです。極端に体重が減少すると、低栄養状態になるだけでなく、日常生活活動も制限されます。

標準体重の75%以上であれば、通常の日常生活活動に問題は起きません。しかし、75%以下になると日常生活に支障をきたすようになり、低体力のために活動制限をしなければなりません。70%以下になると(150cmで約35kg、160cmで約39kg)、重要臓器の障害が発生する場合もあり、自宅療養や入院による栄養療法が必要になってきます。さらに低下し、50%以下になると低血糖による意識障害が現れる場合もあり、重篤な症状となります。このような観点からすると、**標準体重の75%は、健康を維持するうえでの無理の限界**なのです。

## ▶58
## 骨の力

骨を強くするにはカルシウム、ビタミンD、飛び跳ねる運動

骨の構成成分は、部位や年齢などによって変わりますが、水分が5〜10%、糖質が3%、コラーゲンを主体とするタンパク質が20〜25%、残り約65%がミネラルです。ミネラルの主成分はカルシウムとリン酸の化合物で、**ヒドロキシアパタイト**と呼ばれています。ヒドロキシアパタイトはカルシウムが10、リン酸が6、水が2という割合で結合しており、水に簡単には溶けない安定した

物質です。カルシウムは生命活動になくてはならないミネラルで、血中濃度は極めて狭い範囲に調整されています。骨は身体を支えるだけでなく、カルシウムの貯蔵庫としても働き、血中カルシウム濃度の維持に重要な役割を果たしています。

　骨の強さは骨量と骨質によって決まります。通常、**骨量**はカルシウムなどのミネラル成分がどの程度あるかという**骨密度**によって推定されます。一方、**骨質**はコラーゲンというタンパク質がその主役です。骨は鉄筋コンクリートの建物と似ており、**コラーゲンが鉄骨、カルシウムはコンクリート**にたとえられています。

　骨の強さの限界として、骨が折れるときの力に関する研究が行われたことがあります。対象としたのは20～30歳代の人間の湿った骨でした。それによると、棒を折るような要領での骨折では、頸骨（すね）が最も強く**296kg**の力が必要でした。次に強いのが大腿骨で277kg、上腕骨151kg、尺骨72kg、橈骨60kg、腓骨45kgという値でした。また、脊椎骨は骨の部位にもよりますが、椎体は長管骨のような折れ方はせず、大きな外力によってつぶれるような骨折をします（**圧迫骨折**）。20～30歳代の椎骨では、腰椎は730kg、頸椎および上部胸椎は400kgでつぶれました。

　骨を皮膚の表面から触ると固いので、骨が作り変えられているとは考えにくいでしょう。しかし、骨は常に代謝されていて、成人になっても約3年周期で生まれ変わっていると考えられています。この**骨代謝**は、骨が破壊される**骨吸収**と、新たに作られる**骨形成**に分けられます。前者には**破骨細胞**、後者には**骨芽細胞**が深く関与しています。

　健康な人の骨では、骨吸収と骨形成のバランスがとれています。ところが、このバランスが崩れ、破骨細胞が活性化して骨吸収が進行していくと、骨密度が低下して骨粗しょう症になります。

**5**
適応機能

**骨粗しょう症**は骨量が減少することによって、骨強度が低下し、骨折を起こしやすくなる疾患です。骨密度は加齢にほぼ比例して低下していく傾向があります（図）。

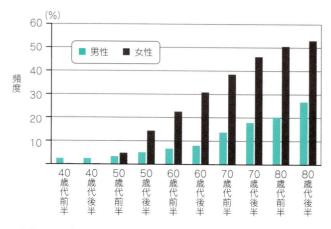

■ 骨粗しょう症有病率の性・年齢別分布
出典：日本骨粗鬆学会 2006 [50]

閉経を迎えた女性では、女性ホルモン（エストロゲン）が低下することにより、骨吸収に拍車がかかります。破骨細胞および骨芽細胞ともエストロゲンの受容体を有していて、エストロゲンは前者に対しては抑制、後者に対しては促進効果をもたらします。したがって、更年期を迎えエストロゲン分泌が減少した女性では、骨吸収は促進される一方で、骨形成が低下するというダブルパンチに見舞われることになります。

健康診断などで骨密度を測定する際、その基準指数として **YAM**（young adult mean、**若年成人平均値**）が使われます。YAMは、20～44歳の健康な人の骨密度の平均値です。これを

基準として、測定した人の骨密度の割合を算出し、骨の健康度を判定するのです。割合が80％以上であれば問題ありませんが、70％未満であれば、骨粗しょう症の可能性があると判断され、治療をしなければなりません。**骨密度が低下してもいい許容限界は、YAMの70％まで**ということになります。

　加齢およびエストロゲン以外の骨粗しょう症の危険因子としては、遺伝、性、栄養、身体活動、喫煙、慢性疾患などが挙げられます。特に、運動などによる重力方向の力学的負荷が重要です。重力方向の力によって骨芽細胞が活性化するのです。骨粗しょう症を防ぐためには、カルシウムを多く摂取し（1000mg/日以上が望ましい）、またその吸収を促進するビタミンDを生成するために皮膚に紫外線を当て、飛んだり跳ねたりして重力方向の刺激を骨に与える必要があります。

## ▶59
# 高体温の限界

### 運動中の体温の限界は40℃

　体温は、体内における化学反応、すなわち生命現象が進行する場の温度であるため、生命維持が可能な範囲で一定となるように調節されています。人間が身体の機能を最適に保てる体温は、**36〜37℃**です。生体内では食物の消化・吸収によってできた糖質やアミノ酸といった物質を合成したり分解して、エネルギーを獲得したり、生体の構成要素を得ています。このとき細胞では、さまざまな酵素が使われて化学反応が進行しています。それらの

酵素作用や反応速度が安定しているのが、人間では正常な体温とされる36〜37℃なのです。

この体温は低体温の項（P.230）で記しているように、**深部体温**のことを指します。なんらかの原因で深部体温が上昇すると、まず皮膚血管が拡張し、皮膚から熱を外部に放散します（放熱）。しかし、皮膚血管の拡張による放熱には限界があります。人間が体温を下げる最後の生理的手段は汗です。汗の水分は、蒸発するときに熱を奪っていきます。これを**気化熱**と言い、1gの水分が蒸発するときに0.58kcalの熱が奪われます。

汗、すなわち気化熱による放熱は、効果的に体温上昇を抑えてくれます。炎天下で10分間の歩行をすると、約100gの汗をかきます。この100gの汗によって体温を1℃下げることができるのです。汗をかかなければ、体温は上昇し続けます。気化（蒸発）する汗は体温を下げることができるので**有効発汗**と言います。一方、蒸発しないで流れ落ちる汗は、体温調節には関与していないので**無効発汗**と言います。

運動をするとき、運動強度が強いほど体温が上昇します。しかし、この上昇には限界があります。図は運動時間経過に伴う**食道温**を記録したものです。食道は心臓に近いところに位置しています。心臓には全身を巡った血液がすべて流れ込んでいるので、心臓の温度は全身の温度を反映していると考えられます。そのため、実験ではしばしば心臓に近い食道温が測られます。

図の実験では、運動を開始する前に、身体を「冷やす」「何もしない」「温める」の3つの条件を設定しています。運動開始時点の食道温は、この順番に低くなっています。そして、この実験では、もうこれ以上運動ができないという限界まで運動をさせました。

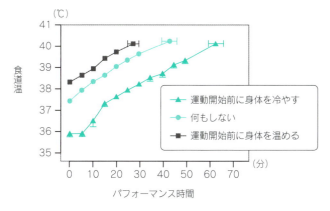

■ 運動パフォーマンスと食道温の関係
出典：Gonza'lez-Alonso, J. et al. 1999 [51]

　身体をあらかじめ温めた場合には、運動時間が30分以下になっているのに対し、冷やした場合は60分を超える運動時間となっています。

　注目すべきは、3つの条件とも食道温が40℃になったときに、運動を続けることができなくなっていることです。この温度は**体温の危機的限界レベル**と呼ばれています。

　この実験結果は、運動前に身体を冷やしておくと、持久能力が高まることを示しています。持久的競技の場合は、不必要にウォーミングアップをして体温を上昇させる必要はないのです。むしろ体温を下げておいたほうがパフォーマンスは向上します。

　いずれにせよ、体温調節機構が正常に作用しているならば、**運動中の生理的な体温の限界は40℃**であり、人間はこの温度を超えて運動することはできません。体温調節機構が破綻すると、体温上昇が継続し、熱中症の中でも重症の熱射病になることがあります（熱中症の項（P.226）を参照）。

一方、風邪をひいたときなどの発熱には、ウイルスなどを攻撃するための生体防御の役割があります。生体の防御機構が作動するのですから、体温が上昇し続けることはなく、通常、深部体温が**42℃**を超えることはありません。

　ウイルスが身体に入ってくると、白血球やマクロファージなどの**免疫活性食細胞**が活動を開始します。免疫活性食細胞がウイルスと戦い始めると、**サイトカイン**というタンパク質が作られます。ウイルスは外因性発熱物質、サイトカインは内因性発熱物質です。サイトカインは体温調節中枢に働きかけて体温を上昇させます。熱が出るのは、37℃前後を好むウイルスや細菌の増殖を抑えるためと、免疫にかかわる免疫活性食細胞を活性化するためです。

　風邪をひいて熱が出るときには、皮膚の血管収縮により熱放散が抑えられ、筋肉を震えさせて体熱産生が促進します。風邪をひいた当初は、平熱にもかかわらず寒気を感じるという経験をしたことがあると思います。これは、脳が体温を上げようと調節するために、平熱であっても寒く感じるのです。逆に、風邪が治ると、体温を平熱に戻さなければならないので、放熱のために汗をびっしょりかくことがあります。

　過去には、発熱は病的な状態なので、すぐに解熱するべきという考え方がありました。しかし現在では、発熱は生体防御機能の1つであり、**体温を無理に下げる必要はない**とされています。

## ▶60
# 脱水と発汗の限界
### たった5%の水分損失で危篤状態

　人間の身体の約60%は体液で構成されています。体重70kgの男性の場合、全体液量は42Lであり、そのうち血漿や間質液（細胞間液）などの**細胞外液**が14L、**細胞内液**が28Lです。一般に、肥満者や高齢者では体水分量の割合が少なく、小児ややせている人では多くなります。身体から脱水が起こると細胞外液が減少します。細胞外液の減少は、血漿量の減少につながります。血漿量が減少すると、栄養素や酸素などの運搬、代謝産物の排泄、体温調節などが影響を受け、身体の恒常性維持に支障をきたすおそれがあります。

　人間は日常生活においても、**毎日約2.5L**の水分を摂取し、同じ量の水分を排泄しています。体内へは、食事で1Lおよび飲み水で1.2Lが入ってきます。そして代謝によって体内で作られる水が0.3Lです。一方、体外へは、尿・便で1.6L、皮膚や呼吸などによる意識されない水分の排泄（不感蒸泄）で0.9Lです。身体の適切な内部環境を維持するには、脱水が増えた場合は直ちにその分の水分を補給しなければなりません。暑い環境の下で多量の汗をかくと、その量は1時間に1～2Lに及ぶことがあります。このようなときに水を補給しなければ、脱水状態となることは明白です。

　**脱水**は、低張性脱水、等張性脱水、および高張性脱水に分類されています。**低張性脱水**は、下痢、嘔吐などによる水分の損失とともに、細胞外液のナトリウムなどの電解質の喪失が著しいのが特徴です。体液の浸透圧が低くなることにより、水分が細胞

外から細胞内に移動するために、循環不全を起こす場合があります。**等張性脱水**は、出血や下痢などによって、急速に細胞外液が失われるときに起こります。同時に、循環血液量が著明に減少します。**高張性脱水**は、細胞外液の水分が多く失われ、ナトリウムなどの電解質の喪失は少ないのが特徴です。このとき、体液の浸透圧が高くなるので、細胞内の水分が細胞外に移動し、循環血液量の減少はそれほど多くありませんが、強い口渇感があります。

　脱水が起こりやすい場面の1つは、暑熱環境下におけるスポーツにより多量に発汗したときです。スポーツ実施時の最高汗量は、**1時間に1〜2L、1日で7〜10L**です。体重の2%を発汗すると、強い口渇感が起こり、体調不良を訴えることもあります。こうなる前に水分補給をしなければなりません。

　アルコールを摂取すると、アルコールの利尿作用のために、尿からの水分排出が増加します。たとえば、ビールを1000mL飲んだとすると、1100mLの水分が排出されます。アルコールの分解には水分が必要なので、脱水状態が続くと二日酔いの可能性が高くなります。左手でビールを飲みながら、右手で水を飲むわけにはいかないので、ビールを十分味わった後に、水分を補給するなどしたほうがいいでしょう。

　表は、脱水による水分損失率と、生体に現れる症状との関係を見たものです。1%の脱水でのどの渇きを訴え、2%になるとめまいなどの症状が現れます。5%失われると、脱水症状や熱中症（P.226）などの症状が現れて重篤な状態になります。さらに、15%失われると、生命活動の維持に支障をきたし、20%失われると死に至ります。症状が出ないうちに早めの対応をするためには、**体重の2%の脱水が許容限界**です。

■ 水分損失率と現れる脱水諸症状の関係

| 水分損失率 | 身体的・精神的変化 |
|---|---|
| 1% | 大量の汗、のどの渇き |
| 2% | 強いのどの渇き、めまい、吐き気、食欲減退、血液濃縮、尿量減少 |
| 3% | 発汗量減少 |
| 4〜8% | 脱力感、疲労、ふるえ、ふらつき、体温上昇、めまい |
| 10〜12% | 痙攣、湿疹、循環不全 |
| 15〜17% | 嚥下不能、排尿痛、皮膚の感覚鈍化、舌のしびれ |
| 18% | 皮膚のひび割れ、尿生成の停止 |
| 20% | 生命の危機、死亡 |

出典:日本体育協会 2004を一部改変 [52]

　厚生労働省では、「健康のため水を飲もう」推進運動を続けています。水の摂取量が不十分であることによる健康への障害を避けることが目的です。児童生徒等を中心に、スポーツなどに伴う熱中症による死亡事故が後を絶ちません。また、中高年で多発する脳梗塞や心筋梗塞なども、水分摂取量の不足が原因の1つとなっています。このような脱水による健康障害の予防のために、厚生労働省はこまめな水分補給を推奨しています。

　「健康のため水を飲もう」推進運動の骨子は、こまめに水を飲む習慣の定着、「運動中には水を飲まない」などの誤った常識の払しょくと正しい健康情報の普及、そして水道など身近にある水の大切さの再認識です。私たちも水の重要性について再評価し、寝る前、起床時、スポーツ中およびその前後、入浴の前後、アルコール摂取後、そしてのどが渇く前に水分補給を心がけることが必要でしょう。

5
適応機能

## ▶61 熱中症

### 熱中症を防ぐための深部体温の許容限界は40℃

　**熱中症**とは、高温環境下での運動などによる多量の発汗によって、身体の水分やミネラル（主にナトリウム）のバランスが崩れたり、身体の体温調節機能が破綻することによって引き起こされる障害の総称です。頭痛、めまい、筋痙攣、意識障害などが起こり、死に至る可能性もある病態です。

　人間は常に熱を作り出しています（**産熱**）。運動をするとエネルギー代謝が亢進することになり、産熱はさらに増加します。体温を一定にするために（36〜37℃）、身体で生産された余分な熱は、身体の外へ放出されます（**放熱**）。人間が放熱の手段としているのは、皮膚血管拡張と発汗です。皮膚の血管が拡張することによって、温められた血液が皮膚表面を流れるようになり、外気との温度差によって放熱が促進されます。しかし、環境温度が皮膚温より高ければ、この方法では十分な放熱は行われません。

　人間にとって、体温を下げる最後の手段であり最も効率的な方法は発汗です。発汗がなければ、体温はどんどん上がっていきます（高体温の項（P.219）を参照）。汗の主成分は水ですが、ミネラル、乳酸塩、尿素なども含まれています。汗は血漿から作られますから、血漿と濃度は違っても成分は似ています。汗には0.6〜0.7％程度の塩分（塩化ナトリウム）が含まれています。したがって、多量の汗をかくと、水分だけでなく塩分なども失われることになります。特に、短時間に多量の汗をかいたような場合、汗が出てくる汗腺という器官で、塩分の再吸収をする時間がないために、このときの汗の塩分濃度は高くなります。

従来の熱中症の分類では、熱失神、熱痙攣、熱疲労、および熱射病の4つがあります。今でもこの分類方法を採用して、熱中症を解説していることが少なくありません。

❑ **熱失神**では、めまいや一時的な失神が起こります。皮膚血管の拡張によって血圧が低下し、脳血流が減少するためと考えられています。
❑ **熱痙攣**は、汗を多量にかき、このときに水分だけを補給すると、血液の塩分濃度が低下し、筋肉痛を伴った痙攣が起こります。
❑ **熱疲労**は、多量の汗により体水分が不足することによって、頭痛、倦怠感、嘔吐、判断力低下が起こってきます。
❑ **熱射病**は、最も重篤な症状で、中枢機能が障害を受けることによって発症します。体温の顕著な上昇、意識喪失が見られ、死亡率は30%に至るという統計もあります。

　最近の熱中症の分類では、次ページの表に示しているように、3段階に分けたものが使われることもあります（日本救急医学会熱中症分類）。
　Ⅰ度は軽度の状態を指し、従来の分類では熱失神と熱痙攣にあたります。Ⅱ度は中等症で、熱疲労に相当します。Ⅲ度は熱射病にあたる最重症の病状を想定しています。Ⅲ度は中枢神経症状、肝・腎機能障害、血液凝固異常などの臓器障害を呈し、医療機関での診療・検査の結果から最終判断されます。
　それぞれへの対応として、Ⅰ度は現場にて対処可能な病態、Ⅱ度は速やかな医療機関での受診が必要な病態、Ⅲ度は採血、医療者の判断により入院が必要な病態とされています。

■ 熱中症の新しい分類

| | 主な症状 | 対応 | 従来の分類 |
|---|---|---|---|
| I度 | 不快感<br>手足のしびれ<br>筋肉痛<br>筋痙攣<br>顔面蒼白 | 安静<br>食塩水経口投与<br>身体を冷やす | 熱痙攣<br>熱失神 |
| II度 | 頭痛<br>吐き気<br>倦怠感<br>頻脈<br>めまい | 安静<br>食塩水経口投与<br>生理食塩水静注 | 熱疲労 |
| III度 | 高体温<br>意識混濁<br>意識喪失<br>肝・腎機能障害<br>血液凝固 | 救急医療処置 | 熱射病 |

　熱中症は、屋内・屋外を問わず、高温や多湿が原因となって起こります（図）。快適な温度と考えられる25℃あたりからすでに発症することがあります。その後、気温上昇とともに増加し、**31℃を超えると急増**します。

　また、熱中症になりやすい人として、高齢者や乳幼児、運動習慣がない人、体調がよくない人、暑さに慣れていない人などが挙げられます。特に高齢者は、体温調節機能の衰えに加えて、暑さを自覚しにくいこともあるため注意が必要です。

　**熱中症を防ぐための深部体温の許容限界は40℃**です。40℃は身体活動の限界温度なので（高体温の項（P.219）を参照）、40℃になる前から体温を下げたり、飲水したりして対応をとる必要があります。

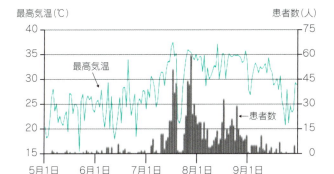

■ 最高気温と熱中症の発生数(東京23区)
出典:国立環境研究所 2012 [53]

　高温環境で汗をかくようなときには、塩分の入った飲料を常に補給するよう心がけるべきでしょう。1Lの水に1〜2gの食塩と**大さじ2〜4杯(20〜40g)の砂糖を加えたもの**が効率よく、水分が素早く吸収されます。

　高齢者は身体が水分を欲していることに、自分では気づきにくいことも少なくありません。さらに高齢者は、お茶など塩分が少ない飲み物の嗜好があります。夏の暑い時期は塩分の入った冷たい飲料を、定期的に飲むように心がけることが熱中症予防には有効です。

# ▶62

# 低体温の限界

## 深部体温30℃が生命を維持するための限界低温

　人間の体温は、部位によって中核温と外殻温の2つに分けられます。**外殻温**は皮膚温など身体の外側の温度であり、明確な基準はありませんが、だいたい34℃以下になります。一方、**中核温**は身体の内部の温度を指していて、34℃以上であり、通常は体温と言えば中核温のことです。中核温は、**深部体温**とも呼ばれています。

　日本や韓国では、中核温の指標としてわきの下の温度を測りますが、多くの国では口腔温を測っています。わきの下は体表面なので、正確には外殻温です。わきを閉じて温度を逃がさないようにして、身体内部の温度が伝導で伝わってくるのを待ちます。身体内部とわきの下の温度が同じになったときに、わきの下の温度を深部体温と見なせるのです。こういった観点からは、口腔温の測定のほうが合理的です。中核温は食道、鼓膜、直腸など、身体の筒状の部分を利用して測定されます。

　人間が生理学的に安定した機能を発揮するためには、体温は**36℃から37℃のあいだ**に維持されていなければなりません。体温には明確な日内変動があり、明け方の5時前後に最低値を示し、午後5時前後に最高値を示します。この間の差は約1℃あるので、**体温はいつ測ったかが重要**です。体温は個人差が大きく、自分の平熱を知るには、健康なときに1日数回測る必要があります。一般に高齢者の体温は少し低く35℃台後半から36℃台、幼児・子どもは少し高く37℃前後です。

　気温が下がると、身体からの放熱を防ぐために、手足の末梢

血管が収縮します。さらに寒くなると、筋肉が自分の意思に関係なく震え出します。これは**シバリング**（shivering）と呼ばれる現象です。シバリングは、筋肉が震えることによって熱を作り出し、体温を上げようとする生体の防御機構の1つです。シバリングで対応できなくなると、体温は低下することになります。寒い冬に小便をしたとき、思わずブルブルと震えることがあります。これもシバリングで、放尿により体温が急に下がるのを防ぐためなのです。

　一般的に深部体温が35℃未満になると、**低体温症**と定義されています。低体温症は、一次性低体温症と二次性低体温症に分けられます。

❑ **一次性低体温症**は、雪山や水難事故などで低温の環境にさらされることによって起こる低体温症で、**偶発性低体温症**とも呼ばれています。
❑ **二次性低体温症**は、脳血管障害、感染症、がん、糖尿病、低栄養などの疾患の合併症として起こる低体温症を指します。

　我が国では、偶発性低体温症が最も多いのは高齢者です。しかも、屋外ではなく、それほど気温が下がるとは思われない屋内で発症しています。高齢者になると、気温の変化に対する感受性が低下します。さらに、皮膚血管運動、シバリングなどの体温調節機能も低下しているうえに、何らかの基礎疾患を抱えている人が少なくないからです。

　一方、若年者であっても偶発性低体温症は発症します。真夏の暑いときに、路上で寝ていた人が低体温症で亡くなったというニュースがときどき流れます。この多くは、酒を飲んで酩酊した状

態で起こります。酩酊することによって中枢神経系の体温調節機構が破綻し、放熱に抑制がかからず、身体から熱が奪われることによって起こる事故です。睡眠薬も同じように体温調節を狂わせることがあります。雨の中で行われる屋外でのイベントやスポーツなどでも、衣服が濡れることによって低体温症を引き起こします。特に、登山などで標高の高い場所にいるときには、真夏でも雨によって気温が急に低下することがあるので、天候の変化には注意すべきです。

35℃未満が低体温症と定義されている以外は、低体温の細かい分類は統一されていません。しかし大まかに言うと、表のように、深部体温が35℃を下回ると身体が激しく震え、30℃を下回ると震えは消失して身体が動かなくなり、意識も薄れていきます。25℃以下になると仮死状態となり、20℃を下回ると心臓機能が消失し、生存できる確率が低くなります。

低体温がどのくらいの時間続くかによっても変わってきますが、**深部体温30℃が生命を維持するための限界低体温**と考えていいでしょう。


■ 低体温症の体温と症状

| 体温 | 程度 | 意識 | 心臓・血管 | 心拍数 | 筋肉 |
|---|---|---|---|---|---|
| 35～30℃ | 軽度・中度 | 無関心・意識混濁 | 末梢血管収縮 | 正常・軽度低下 | 激しい震え |
| 30～25℃ | 重度 | 錯乱・幻覚 | 心室性不整脈 | 著明低下 | 筋硬直が始まる |
| 25～20℃ | 重篤 | 昏睡・仮死 | 心室細動の危険性 | 著明低下 | 筋硬直 |
| 20℃以下 | 非常に重篤 | ほぼ死亡 | 心室細動・心停止 | 消失 | 筋硬直 |

## ▶63

# やけど

50℃でも2～3分で低温やけど

やけどは、漢字では火傷と表記しますが、これはやけどの意味から作られた当て字です。そもそもは、焼けた場所を示す「焼け処（やけどころ）」から、やけどと呼ばれるようになりました。

医学的には**熱傷**と言います。熱傷は、火、熱湯、熱した油、蒸気などの熱いものが皮膚に触れることによって皮膚組織が受ける損傷です。損傷の程度は、熱の温度とそれが作用した時間によって決まります。

皮膚は大きく3層に分けられます。

一番表面の層は**表皮**です。表皮の厚さは平均約0.2mmと薄いのですが、表面から角質層、顆粒層、有棘層、基底層の4層構造となっています。基底層で表皮角化細胞が作られ、各層を順に押し上げられて角質となり、最終的には垢となってはがれます。表皮角化細胞ができてからはがれ落ちるまでは、年齢によっても変わりますが30～45日程度かかります。表皮にはメラニン細胞が存在し、紫外線を吸収する作用があるメラニンを作って肌を保護しています。

表皮の下にあるのが**真皮**です。真皮は外側から乳頭層、乳頭下層、網状層の3層構造となっていて、厚さは1～3mm程度です。真皮を構成する組織の約70％はコラーゲンであり、その他に弾力性のあるエラスチンや水分を含んだゼリー状のヒアルロン酸などから構成されています。真皮には触覚、痛覚、温度覚をつかさどる受容細胞が分布しています。また、皮脂腺や汗腺という分泌腺があり、前者からは皮脂が、後者からは汗が分泌され、これら

が皮膚の表面を覆って保護しています。

皮膚の最下層は**皮下組織**です。皮下脂肪がある層で、その厚さには部位と個人差が大きく影響します。皮膚としての皮下脂肪の役割には、外部からの衝撃を和らげるクッションや、断熱することによる保温作用があります。また、皮下脂肪はエネルギーの貯蔵庫としての役割も担っています。

瞬間的にやけどとなる温度は**70〜80℃以上**です。一方、高温ではなく身体にとって心地よい温度であっても、長く接触しているとやけどが起こります。これは**低温やけど**と呼ばれています。タンパク質が変性する温度は42℃です。42℃はお風呂の少し熱めの温度ですが、この程度の温度であっても、6時間接触したらやけどが起こったという報告があります。**44℃であれば3〜4時間程度、46℃であれば30分〜1時間程度**でやけどします。圧迫を加えるとやけどするまでの時間は短くなり、**50℃ならば2〜3分**でやけどの症状が出てきます。これらが低温やけどの限界温度・時間と考えていいでしょう。

通常のやけどの多くは皮膚の表面だけの損傷です。しかし、低温やけどの特徴は、皮膚の深い組織まで損傷が広がり、筋肉の細胞まで死んでしまう（壊死）など重症になる場合があることです。低温やけどは、痛みなどの自覚症状がないために、長時間にわたって熱の影響を受けるのです。

やけどの症状は、表・図に示しているように、皮膚の損傷程度によってⅠ度熱傷、浅達性Ⅱ度熱傷、深達性Ⅱ度熱傷、およびⅢ度熱傷に分類されています。

❑ **Ⅰ度熱傷**は、皮膚が赤くなる程度のやけどで、ひりひりとした痛みを感じます。日焼けはⅠ度に分類されています。

- **Ⅱ度熱傷**は、水疱（水ぶくれ）を生じるやけどで、強い痛みがあります。
- **Ⅲ度熱傷**は、皮膚がすべて損傷し、筋肉や骨まで壊死してしまうこともあります。皮膚は硬く、黄白色となります（**羊皮紙様**）。

■ 熱傷深達度ごとの所見と治療期間

|  | 深さ | 局所所見 | 治癒期間 |
|---|---|---|---|
| Ⅰ度熱傷 | 表皮まで | 発赤、充血 | 数日 |
| 浅達性Ⅱ度熱傷 | 基底層まで | 水疱、発赤、腫れ | 2～3週 |
| 深達性Ⅱ度熱傷 | 真皮深層まで |  | 4～5週 |
| Ⅲ度熱傷 | 皮膚全層、皮下組織、筋 | 羊皮紙様・痛みなし | 原則的に植皮術 |

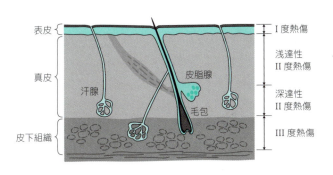

■ 熱傷深達度ごとの皮膚への影響

　湯たんぽ、電気あんか、電気毛布など、寝ているときに使用する暖房器具は、一晩中使用して身体が触れたままでいると、低温やけどの原因になることがあります。布団が温まったら、湯たんぽを身体から遠ざけ、電気暖房具はスイッチを切ったほうがいい

でしょう。また、使い捨てカイロは、衣服などで圧迫して使うことによって血液循環が阻害されたり、思ったよりも高温になることがあります。こういう場合には、低温やけどを引き起こしやすくなります。皮膚が薄い高齢者や寝返りができない幼児、酒に酔っている人、糖尿病などで末梢循環障害がある人などは、特に低温やけどに対する注意が必要です。

# ▶64
## 食中毒

**食中毒の半数以上はノロウイルスが原因**

　**食中毒**は、細菌、ウイルス、自然毒（ふぐ毒、キノコの毒など）、寄生虫（アニサキスなど）、化学物質などがついた食べ物を食べることによって起こる下痢、腹痛、発熱、嘔吐などを発症することで、ときには死に至ることもあります。

　食中毒の原因で多いのは、細菌とウイルスによるものです。細菌による食中毒は、サルモネラ菌、黄色ブドウ球菌、腸管出血性大腸菌などから引き起こされ、6月から9月の気温が高いときに発生します。一方、ウイルスによる食中毒は、ノロウイルス、A型あるいはE型肝炎ウイルスなどが原因で、主に冬に流行します。

　2016年の食中毒は全体では1139件、患者数は2万252人でした。原因で最も件数が多いのは細菌で480件、次にウイルスの356件、寄生虫の147件、自然毒の109件と続きます。患者数では、ウイルスが1万1426名と最も多く、次いで細菌の7483名です。ウイルスの患者は、ほぼすべてと言っていいほどノロウイルスが原因

です。ノロウイルスの患者数は、食中毒全体の半数以上を占めています。寄生虫では8割以上をアニサキスが占めています。

**ノロウイルス**による食中毒は、1年を通して発生していますが、特に冬季に集中しています（図）。

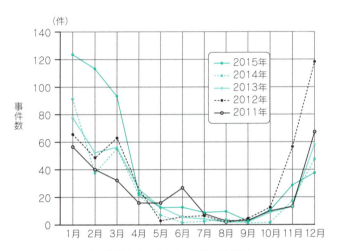

■ ノロウイルスを病因物質とする食中毒の月別発生状況
出典：厚生労働省 2017 [54]

ノロウイルスの感染経路は食品取扱者を介して食品が汚染されたケースが多く（次ページの図）、ほとんどが経口感染です。原因となる食品としては、ノロウイルスに汚染された二枚貝がよく知られています。二枚貝は大量の海水を取り込みます。そのとき海水中のノロウイルスが二枚貝の体内で濃縮されるため、二枚貝を生食すると中毒を起こしやすいのです。ノロウイルスは熱に弱いので、加熱処理はウイルスの活性を失わせます。二枚貝などの食品の場合は、中心部が85〜90℃で90秒以上加熱すれば問題ありません。

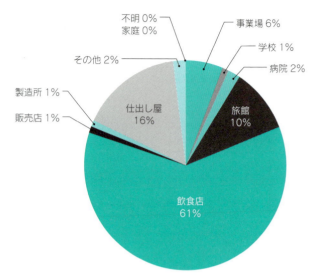

■ ノロウイルスを病因物質とする食中毒の場所別発生状況
出典:厚生労働省 2017 [54]

　ノロウイルスは人間の腸管で増殖し、潜伏期間は24〜48時間、主症状は腹痛、下痢、吐き気、嘔吐などです。これらの症状が1〜2日続いた後治癒します。高齢者は、体力が低下しているときにノロウイルスに感染すると重症になることもあります。また、ノロウイルスが原因で吐いたものを誤嚥(ごえん)することにより、肺炎を起こして亡くなる場合があります。ノロウイルスには治療方法がなく、水分や栄養補給などの対処療法となります。

　食中毒の中で死者が一番多いのは、**腸管出血性大腸菌**によるものです。大腸菌は人間や家畜の腸内にも存在しますが、ほとんどは無害です。

　しかし、いくつかの大腸菌は下痢などの消化器症状を起こし、これらは**病原大腸菌**と呼ばれています。病原大腸菌の中で、毒素

を産生し出血を伴う腸炎などを引き起こすものが腸管出血性大腸菌なのです。**O157**という細菌の名前はニュースなどでたびたび耳にすると思います。O157は、O抗原（細胞壁由来）として157番目に発見された大腸菌という意味です。

2016年の食中毒による死者は14名で、そのうち植物性の自然毒で4名、腸管出血性大腸菌で10名が亡くなっています。

腸管出血性大腸菌は毒力の強い**ベロ毒素**を出し、全身性の重篤な症状を引き起こすのが特徴です。井戸水、湧き水、十分に加熱されていない肉や生野菜などが原因となります。食後12～60時間で、激しい腹痛、下痢などの症状が出ます。熱に弱い菌であるため、肉などではその中心温度を75℃以上にして1分以上加熱すれば死滅します。

最近、**アニサキス**による食中毒の報告件数が急増しています（次の図）。

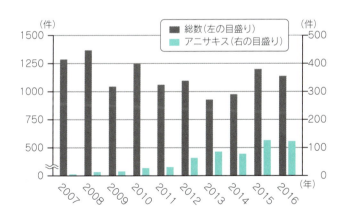

■ アニサキス食中毒件数の推移
出典：厚生労働省 2017 [54]

アニサキス（アニサキス線虫）とは寄生虫の一種で、幼虫（体長2〜3cm、幅0.5〜1mm）が魚介類の内臓に寄生し、その鮮度が落ちると内臓からいわゆる身に移動します。

アニサキスが付着した身を生で食べると、数時間後から激しい腹痛や嘔吐などの症状が出てきます。人間の胃や腸にアニサキスが突き刺さることによって起こる症状です。胃壁に頭から胴体を突き刺しているアニサキスが発見されると、生検鉗子を用いて胃壁から引き抜かれます。症状は、アニサキスが取り除かれると消滅します。

アニサキス中毒の原因食品はサバが最も多く、サンマ、サケ、アジ、イカなどでも起こります。厚生労働省の調査によると（2016年）、アニサキスによる食中毒の年間発生件数は124件です。しかし、これは氷山の一角にすぎず、診療報酬明細書を調べたところ約7000件あったという研究結果が報告されています。

アニサキスが寄生した魚介類を調理する場合、70℃以上で加熱するか、マイナス20℃以下で24時間以上冷凍すれば、食べても問題ないとされています。また、アニサキスは、人間の体内では1週間以内に死滅します。ただし、とても元気なアニサキスであれば、もう少し長く痛みを我慢しなければいけないかもしれません。

食中毒の主な原因となる細菌、ウイルス、寄生虫などの多くは十分加熱すれば死滅します。しかし、魚介類の刺身を食べることは、日本人の食文化の根幹の1つです。この文化をなくすことは、**日本人として許容の限界を超えています**。実際、新鮮な魚の刺身の味は格別です。ただし、魚介類を冷凍あるいは過熱しないで生食するときには、多少の危険が伴うことになります。

# ▶65 喫煙の許容限界

## 喫煙の許容限界は喫煙指数200未満

　2017年10月5日、東京都議会において「東京都子どもを受動喫煙から守る条例」が可決されました。この条例では、子どもがいる部屋や自動車内では喫煙を禁止し、喫煙可能な場所に子どもを立ち入らせないようにし、路上や公園などで受動喫煙の防止に努めると定められています。さらに東京都では、飲食店などの人が集まる屋内では、原則禁煙とする条例を制定する方針だそうです。このような受動喫煙対策は、2020年の東京オリンピック・パラリンピックの開催を見据えた取り組みでもあります。

　職場や飲食店など屋内を全面禁煙とする法律は各国で制定されています。この屋内全面禁煙の法律は、欧米などの先進国だけでなく、発展途上国でも制定されていて、2014年時点で49か国に達しています。

　禁煙に関する法律が最も厳しい国の1つがアイルランドです。アイルランドは基本的に国全体が禁煙となっていて、例外は独自の判断で喫煙室を設けているホテルなどです。禁煙を法律で決める目的は、受動喫煙者の被害を食い止めるためです。

　このような世界の禁煙に関する状況と比較すると、日本の受動喫煙対策がいかに遅れているかがよく分かります。我が国では、ほとんどの公共施設、公共交通機関、官公庁などでは禁煙化が進んでいますが、それらの対策は完全ではありません。新幹線、空港、鉄道施設、職場など、施設によっては喫煙室が備えられていて、完全な禁煙は実施されていないのが実情です。実際に、このような部屋の近くを通り過ぎるだけで、たばこのにおいが鼻につ

くことがあります。

　受動喫煙を防ぐには、喫煙室・場所などの分煙や空気清浄機などによる対策では不適切であり、全面禁煙する必要があることは国際会議でも確認されています。

　厚生労働省の調べによると（2016年）、日本の喫煙者の割合は、20歳以上の成人の18.3％であり、男女別に見ると男性30.2％、女性8.2％です。この10年間で、男女ともに統計学的に有意に減少しています。

　図は、日本の喫煙者率を年齢階級別に見たものです。働き盛りである30〜50歳代の男性は、他の年代よりも喫煙者の割合が高く、約4割もの人が習慣的に喫煙しています。仕事のストレスからくる精神的症状を緩和するためかもしれません。

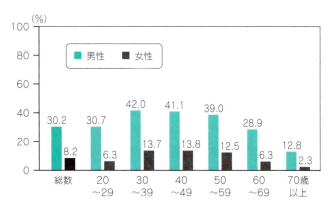

■ 習慣的に喫煙している者の割合
出典：厚生労働省 2017 [55]

　たばこの煙は、喫煙者が直接吸い込む**主流煙**と、たばこの先端の点火部から立ち上る**副流煙**に分けられます。この副流煙と

喫煙者が吐き出した呼出煙（こしゅつえん）が混ざった煙は、環境たばこ煙と呼ばれています。受動喫煙者はこの環境たばこ煙を、自分の意思とはかかわりなく吸い込むことになります。

　主流煙は酸性であるのに対し、副流煙はアルカリ性なので、目や鼻の粘膜を刺激することになります。さらに、副流煙の有害成分の量は、主流煙よりはるかに多いのです。

　たばこの煙に含まれている化学物質は、ガス成分と粒子成分に分けられます。ガス成分には、一酸化炭素、二酸化炭素、窒素酸化物、アンモニアなど約1000種類が含まれています。一方、粒子成分はニコチン、タール、ヒ素、水など約4300種類が含まれています。これらの化学物質のうち、発がん性のあるものは約70種類です。タールは、特に呼吸器系の疾患やがんとの関連が深いことが指摘されています。**一酸化炭素、ニコチン、タールは生体への影響が大きく、三大有害物質と呼ばれています。**

　国立がん研究センターはたばこと死亡率の関係について、40〜59歳の男女約4万人を対象として10年間の追跡調査を行いました（2002年）。それによると、たばこを吸う人の死亡率は、吸ったことがない人と比較して、男性では1.6倍、女性では1.9倍に高くなっていました。たばこを吸う人の死亡原因は、がんだけでなく、心臓病などの循環器疾患でも高くなっていたのです。一方、過去にたばこを吸っていたが止めた人の死亡率は、吸ったことがない人との死亡率に差はありませんでした。

　世界保健機関（WHO）の報告書によると、たばこを原因とする死者数は年間700万人にも及び、そのうち89万人は受動喫煙が死亡原因としています。我が国では、国立がん研究センターによると、少なくとも年間1万5000人は、受動喫煙により亡くなったと推計されています。

5

適応機能

喫煙が人体の健康に与える影響は、それまでに吸ったたばこの本数と密接に関連しています。本数と喫煙していた年数を掛け合わせた数値を、**喫煙指数（ブリンクマン指数）**と言います。

**喫煙指数＝1日に吸う本数×喫煙している年数**

1日20本を10年続けると喫煙指数は200となり、何らかの病気を患う可能性が高まります。喫煙指数が400を超えると肺がんに罹患する可能性が高くなり、600を超えると肺がんとなる可能性が一段と高まります。1200以上では、喉頭がんの可能性が高くなります。

喫煙の許容限界は、どんなに甘くしたとしても、**喫煙指数で示すと200以下**です。この数に達する前に喫煙を止めると、健康状態を保つことができ、また命を延ばすこともできるのです。

# 参考文献

[1] 清水豊. "視覚". 人間の許容限界事典. 山﨑昌廣, 坂本和義, 関邦博編著, 朝倉書店, 2005. pp.2-8.

[2] 長友宗重, 香野俊一, 吉野博, 菅野実, 高坂知節, 曽根敏夫, 筧和夫. 高齢社会に対応する建築の聴(音声領域)空間の設計および評価に関する研究、平成1、2、3年度科学研究費補助金研究成果報告書, 1992

[3] 岡田明. "嗅覚". 人間の許容限界ハンドブック. 山﨑昌廣, 坂本和義, 関邦博 編. 朝倉書店. 2005

[4] Mojet, Jos. Heidema, Johannes. Christ-Hazelhof, Elly. Taste Perception with Age: Generic or Specific Losses in Supra-threshold Intensities of Five Taste Qualities?, Chemical Senses, 2003. 28(5), pp.397–413.

[5] Duffy, J.F., Dijk, D, Klerman, E.B., and Czeisler, A.: Later endogenous circadian temperature nadir relative to an earlier wake time in older people. 275: R1478-R1487, 1998

[6] Akerstedt, T. and Gillberg, M.: The circadian variation of experimentally displaced sleep. Sleep, 1981. 4, pp.159-169,

[7] Knault, P. and Rutenfranz, J.: Development of criteria for the design fo shiftwork systems. J. Human Ergol. 1982. 11(Suppl.), pp.337-367,

[8] 菊池和夫. "4.2 健康・運動と循環". 健康と運動の生理. 片岡洵子他共著. 技法堂出版. 1994. pp. 47-54.

[9] Lewington, S., Clarke, R., Qizilbash, N., Peto, R. and Collins, R.: Age-specific relevance of usual blood pressure to vascular mortality: a meta-analysis of individual data for one million adults in 61 prospective studies. The Lancet, 2002. 360, pp.1903-1913,

[10] 日本高血圧学会. 高血圧治療ガイドライン2014. 日本高血圧学会高血圧治療ガイドライン作成委員会 編, ライフサイエンス出版, 2014.

[11] 厚生労働省. "平成28年 国民生活基礎調査の概況". http://www.mhlw.go.jp/toukei/saikin/hw/k-tyosa/k-tyosa16/index.html, (参照2018-02-15).

[12] 日本泌尿器科学会・日本Men's Health医学会. 加齢男性性腺機能低下症候群（LOH症候群）診療の手引き. 2007. https://www.urol.or.jp/info/data/gl_LOH.pdf.

[13] Heinemann LA, Zimmermann T, Vermeulen A, Thiel, C : A new 'Aging Males Symptoms('AMS) rating scale. Aging Male 2. 1999. pp. 105-114.

[14] 文部科学省. 新体力テスト：有意義な活用のために. ぎょうせい. 2006.

[15] 中央労働災害防止協会. "運動機能検査値の新5段階評価". http://www.jisha.or.jp/health/evaluation/index.html, (参照2018-02-15).

[16] スポーツ庁. 平成28年度体力・運動調査結果の概要及び報告書について. 2017. http://www.mext.go.jp/sports/b_menu/toukei/chousa04/tairyoku/kekka/k_detail/1396900.htm

[17] International Association of Athletics Federations. "Records & Lists" https://www.iaaf.org/records/ (参照2018-02-15).

[18] Sandvik L, Erikssen J, Thaulow E, Erikssen G, Mundal R, Rodahl K. Physical fitness as a predictor of mortality among healthy, middle-aged Norwegian men. N Engl J Med. 1993. 328. pp.533-537.

[19] 文部科学省. 新体力テスト実施要項. http://www.mext.go.jp/a_menu/sports/stamina/03040901.htm.

[20] 厚生労働省. 国民健康・栄養調査. 2016. http://www.mhlw.go.jp/seisakunitsuite/bunya/kenkou_iryou/kenkou/kenkounippon21/eiyouchousa/keinen_henka_shintai.html.

[21] 警察庁. 平成28年における山岳遭難の概況. 2016. https://www.npa.go.jp/publications/statistics/safetylife/sounan.html.

[22] Bosco, C., Komi, P.V., Tihanyi, J., Fekete, G. and Apor, P. Mechanical power test and fiber composition of human leg extensor muscles. European Journal of Applied Physiology and Occupational Physiology, 1983. 51(1), pp.129-135.

[23] Bergh, U., Torstensson, A., Sjondin, B., Hulten, B., Piehl, K. and Karlsson, J. Maximal oxygen uptake and muscle fiber types in trained and untrained humans. Medicine and science in sports, 1978. 10(3), pp.151-154.

[24] Fédération internationale de natation. ""Swimming World Records"". http://www.fina.org/content/swimming-records.

[25] AIDA International. "World Records". https://www.aidainternational.org/WorldRecords#recordsMan. (参照2018-02-15)

[26] Guinness World Records. "Deepest scuba dive (male)" http://www.guinnessworldrecords.com/world-records/deepest-scuba-dive-(male). (参照2018-02-15)

[27] 厚生労働省. 平成28年 国民生活基礎調査の概況. 2017. http://www.mhlw.go.jp/toukei/saikin/hw/k-tyosa/k-tyosa16/index.html.

[28] American Psychiatric Association. DSM-5 精神疾患の診断・統計マニュアル 監訳：高橋三郎／大野裕. 日本語版用語監修：日本精神神経学会 医学書院. 2014.

[29] Sawada, Masahiro; Kato, Kenji; Kunieda, Takeharu; Mikuni, Nobuhiro; Miyamoto, Susumu; Onoe, Hirotaka; Isa, Tadashi; Nishimura, Yukio. Function of the nucleus accumbens in motor control during recovery after spinal cord injury. Science, 2015. 350, pp.98-101.

[30] 厚生労働省. 健康づくりのための睡眠指針2014. http://www.mhlw.go.jp/file/06-Seisakujouhou-10900000-Kenkoukyoku/0000047221.pdf

[31] 片野由美, 内田勝雄. 新訂版図解ワンポイント生理学. サイオ出版. 2015

[32] 内閣府. 平成28年版高齢社会白書. 2014. http://www8.cao.go.jp/kourei/whitepaper/w-2016/html/zenbun/s1_2_3.html

[33] 加藤伸司, 長谷川和夫 ほか. "改訂長谷川式簡易知能評価スケール（HDS-R）の作成", 老年精神医学雑誌. 1991, (2), pp.1339-1347.

[34] 厚生労働省. 若年性認知症の実態等に関する調査結果の概要及び厚生労働省の若年性認知症対策について. 2009. http://www.mhlw.go.jp/houdou/2009/03/h0319-2.html

[35] 経済産業省. "社会人基礎力". http://www.meti.go.jp/policy/kisoryoku/. (参照2018-02-15).

[36] 中央労働災害防止協会. "運動機能検査値の新5段階評価について〜働く人の運動機能の現状〜". 2012. http://www.jisha.or.jp/health/evaluation/index.html. (参照2018-02-15).

[37] 厚生労働省. 国民健康・栄養調査. 2016. http://www.mhlw.go.jp/seisakunitsuite/bunya/kenkou_iryou/kenkou/kenkounippon21/eiyouchousa/keinen_henka_shintai.html

[38] 厚生労働省. 日本人の食事摂取基準（2015 年版）の概要. 2016. http://www.mhlw.go.jp/file/04-Houdouhappyou-10904750-Kenkoukyoku-Gantaisakukenkouzoushinka/0000041955.pdf

[39] 日本人間ドック学会. "検査表の見方" http://www.ningen-dock.jp/public/method. (参照2018-02-15).

[40] 日本人間ドック協会. 2015年人間ドックの現況 2015, http://www. ningen-dock.jp/wp/wp-content/uploads/2013/09/2ebf31e708cb165 bd2c0b68fae972994.pdf

[41] 文部科学省. 日本食品標準成分表2015年版（七訂）. 2015.

[42] 厚生労働省.「日本人の食事摂取基準（2015 年版）」策定検討会報告書. 2015. http://www.mhlw.go.jp/file/05-Shingikai-10901000-Kenkoukyoku-Soumuka/0000114399.pdf

[43] 海老原清."食物繊維". 人間の許容限界事典. 山﨑昌廣・坂本和義・関邦博 編著, 朝倉書店, 2005. pp.922-926.

[44] Lin Y, Kikuchi S, Tamakoshi A, Wakai K, Kawamura T, Iso H, Ogimoto I, Yagyu K, Obata Y, Ishibashi T; JACC Study Group. Alcohol consumption and mortality among middle-aged and elderly Japanese men and women. Ann Epidemiol. 2005 Sep;15(8), pp.590-597.

[45] 梅田悦生 "アルコール". 人間の許容限界事典. 山﨑昌廣・坂本和義・関邦博編著. 朝倉書店. 2005. pp.884-889.

[46] 厚生労働省. 平成28年簡易生命表の概況. 2016. http://www.mhlw. go.jp/toukei/saikin/hw/life/life16/index.html

[47] Gerontology Research Group. "GRG World Supercentenarian Rankings List". http://www.grg.org/SC/WorldSCRankingsList.html. (参照2018年2月15日)

[48] AGE測定推進協会 "AGE（終末糖化産物）の多い食品・少ない食品". http://www.age-sokutei.jp/food/. (参照2018-02-15).

[49] 厚生労働省. 平成28 年度学校保健統計（学校保健統計調査報告書）. 2016

[50] 日本骨粗鬆学会. 骨粗鬆症の予防と治療ガイドライン2006年版.

[51] Gonza'lez-Alonso, J., Teller, C., Andersen, S.L., Jensen, F.B., Hyldig, T. and Nielsen. B. Influence of body temperature on the development of fatigue during prolonged exercise in the heat. J. Appl. Physiol. 1999. 86, pp.1032–1039.

[52] 日本体育協会. スポーツと栄養. 2004

[53] 国立環境研究所. 熱中症患者速報. 2012. http://www.nies.go.jp/gaiyo/archiv/risk8/2012/index.html (参照2018-02-15).

[54] 厚生労働省. 平成28年（2016年）食中毒発生状況. 2017. http:// www.mhlw.go.jp/stf/seisakunitsuite/bunya/kenkou_iryou/shokuhin/syokuchu/04.html.

[55] 厚生労働省. 平成28年「国民健康・栄養調査」の結果. 2017. http:// www.mhlw.go.jp/stf/houdou/0000177189.html

# 索引

## 数字・英字

| | |
|---|---|
| 100m走 | 56 |
| 1回拍出量 | 30 |
| 20mシャトルラン | 65 |
| 8K | 12 |
| ADH | 195 |
| ADL | 44, 135, 201 |
| AGE | 160, 208 |
| AMSスコア | 44 |
| ART | 44 |
| ASD | 128 |
| AT | 79 |
| ATP | 30, 75, 77, 81 |
| BMI | 150, 214 |
| cd/m² | 10 |
| dB | 13 |
| DSM | 128, 134 |
| exAGE | 209 |
| GI値 | 191 |
| GL値 | 193 |
| HDL | 169 |
| HDLコレステロール | 162 |
| Hz | 14 |
| ICD | 127 |
| IDL | 169 |
| Jカーブ効果 | 195 |
| ku/100g | 209 |
| LDL | 169 |
| LDLコレステロール | 162 |
| LOH症候群 | 42 |
| MEOS | 195 |
| msec | 146 |
| n-3系脂肪酸 | 161 |
| n-6系脂肪酸 | 161 |
| NEAT | 156 |
| NREM睡眠 | 122 |
| O157 | 239 |
| Pa | 13 |
| PADAM | 42 |
| ppi | 12 |
| PTSD | 128 |
| REM睡眠 | 122 |
| TCA回路 | 78 |
| TNF-α | 166 |
| VLDL | 169 |
| VO₂max | 63 |
| YAM | 218 |

## あ

| | |
|---|---|
| 亜鉛 | 22, 178 |
| あがり | 112 |
| 悪玉アディポサイトカイン | 166 |
| 悪玉コレステロール | 169 |
| アクティブラーニング | 140 |
| 味物質 | 20 |
| アジリティ | 46 |
| アセトアルデヒド | 195 |
| 圧迫骨折 | 217 |
| アディポサイトカイン | 166 |
| アディポネクチン | 166 |
| アデノシン三リン酸 | 30, 75, 77, 81 |
| アニサキス | 239 |
| アプネア | 94 |
| 甘味 | 20 |
| アミノ酸 | 172 |
| アミン | 179 |
| アルコール | 194 |
| アルコール脱水素酵素 | 194 |
| アルコール量 | 197 |
| アルツハイマー型認知症 | 135 |

## い

| | |
|---|---|
| 意識混濁 | 124 |
| 意識水準 | 124 |

| | |
|---|---|
| 意識喪失 | 125 |
| 一次性低体温症 | 231 |
| 一価不飽和脂肪酸 | 161 |
| 遺伝子プログラム説 | 207 |
| 飲酒 | 194 |
| インピーダンス法 | 164 |
| インフラディアンリズム | 25 |

### う

| | |
|---|---|
| ウェイトリフティング | 74 |
| うま味 | 20 |
| ウルトラディアンリズム | 25 |
| ウワバイン | 189 |
| 運動器 | 68 |
| 運動視覚 | 10 |
| 運動時間 | 146 |
| 運動野 | 117 |

### え

| | |
|---|---|
| エイジング | 207 |
| 栄養機能食品 | 153 |
| 笑顔恐怖 | 110 |
| エネルギー換算係数 | 154 |
| エネルギー供給能力 | 91 |
| エネルギー消費量 | 154 |
| エネルギー摂取量 | 154 |
| 塩化ナトリウム | 187 |

### お

| | |
|---|---|
| オーバースロー | 84 |
| オリゴ糖 | 157 |
| 音圧 | 13 |
| 音圧レベル | 13 |

### か

| | |
|---|---|
| カーボローディング | 83 |
| 臥位 | 97 |
| 外殻温 | 230 |
| 開眼片足立ち | 52 |
| 概日リズム | 24 |
| 解糖系 | 78 |
| 外発的動機づけ | 115 |
| 過活動膀胱 | 36 |
| 覚醒 | 124 |

| | |
|---|---|
| 覚醒水準 | 124 |
| 拡張期血圧 | 32 |
| 脚気 | 179 |
| 褐色脂肪細胞 | 164 |
| 活性酸素 | 208 |
| 活性酸素説 | 207 |
| 家庭血圧 | 32 |
| 過敏性腸症候群 | 41 |
| 仮面高血圧 | 33 |
| カリウム | 177 |
| カルシウム | 177 |
| 加齢男性性腺機能低下症候群 | 42 |
| 感音性難聴 | 15 |
| 環境たばこ煙 | 243 |
| 桿体 | 10 |
| カンデラ | 10 |

### き

| | |
|---|---|
| 記憶 | 118 |
| 気化熱 | 220 |
| 器質性便秘 | 40 |
| 基礎代謝量 | 154 |
| 喫煙 | 241 |
| 喫煙指数 | 244 |
| 輝度 | 10 |
| 機能性食品 | 153 |
| 機能性表示食品 | 153 |
| 機能性便秘 | 40 |
| 脚伸展筋パワー | 89 |
| 逆白衣高血圧 | 33 |
| 嗅覚閾値 | 17 |
| 嗅覚順応 | 18 |
| 嗅覚障害 | 19 |
| 嗅覚疲労 | 18 |
| 嗅細胞 | 17 |
| 急性ストレス反応 | 128 |
| 仰臥位 | 97 |
| 競歩 | 66 |
| 拒食症 | 216 |
| 許容の限界 | 3 |
| キロミクロン | 169 |

250

| | |
|---|---|
| 緊急反応 | 102,113 |
| 筋線維 | 74 |
| 筋パワー | 74,89 |

**く**

| | |
|---|---|
| クイックネス | 46 |
| 偶発性低体温症 | 231 |
| グラン・ブルー | 95 |
| グリコーゲン | 81 |
| グリコーゲンローディング | 83 |
| グリセミックインデックス | 190 |
| グリセミック指数 | 190 |
| グリセミック負荷 | 193 |
| グリセミックロード | 193 |
| グルコース | 157 |
| クレブス回路 | 78 |
| クロール | 91 |
| クロム | 178 |

**け**

| | |
|---|---|
| 形態視覚 | 10 |
| 軽度認知障害 | 136 |
| 下痢 | 40 |
| 減圧症 | 96 |
| 嫌気的解糖系 | 78 |
| 健康 | 200 |
| 健康寿命 | 201 |
| 検知閾値 | 17,21 |

**こ**

| | |
|---|---|
| 高圧神経症候群 | 96 |
| 光覚 | 10 |
| 好気的解糖系 | 78 |
| 高血圧 | 32,188 |
| 高山病 | 72 |
| 交替制勤務 | 27 |
| 高タンパク質ダイエット | 152 |
| 高張性脱水 | 224 |
| 更年期障害 | 42 |
| ゴー・ノーゴー反応時間 | 146 |
| 呼吸性嗅覚障害 | 19 |
| 呼出煙 | 243 |
| 骨格筋 | 73 |

| | |
|---|---|
| 骨芽細胞 | 217 |
| 骨吸収 | 217 |
| 骨形成 | 217 |
| 骨質 | 217 |
| 骨粗しょう症 | 218 |
| 骨代謝 | 217 |
| 骨密度 | 217 |
| 骨量 | 217 |
| コレステロール | 161,168 |
| 混合型認知症 | 136 |
| 混合性難聴 | 15 |
| 昏蒙 | 125 |

**さ**

| | |
|---|---|
| サーカディアンリズム | 23 |
| 最高心拍数 | 31 |
| 最高到達点 | 88 |
| 最大酸素摂取量 | 63 |
| 最大心拍数 | 31 |
| 最長寿命 | 203 |
| サイトカイン | 222 |
| 再認 | 118 |
| 細胞外液 | 223 |
| 細胞内液 | 223 |
| 三大認知症 | 135 |
| 三大有害物質 | 243 |
| 三段跳び | 89 |
| 残尿 | 36 |
| 産熱 | 226 |
| 三半規管 | 50 |
| 酸味 | 20 |

**し**

| | |
|---|---|
| 塩味 | 20 |
| 視角 | 10 |
| 色覚 | 10 |
| 視交叉上核 | 24 |
| 自己視線恐怖 | 110 |
| 視細胞 | 10 |
| 時差症候群 | 26 |
| 時差ぼけ | 26 |

| | |
|---|---|
| 疾病および関連保健問題の 国際統計分類 | 127 |
| 児童虐待 | 106 |
| シバリング | 231 |
| 脂肪酸 | 161 |
| 社会的動機づけ | 116 |
| 若年成人平均値 | 218 |
| 若年性認知症 | 137 |
| 社交不安障害 | 109, 113 |
| 醜形恐怖 | 110 |
| 収縮期血圧 | 32 |
| 終末糖化産物 | 208 |
| 熟睡 | 122 |
| 受動的学習 | 139 |
| 俊敏性 | 46 |
| 常習飲酒者 | 198 |
| 小神経認知障害 | 135 |
| 脂溶性ビタミン | 180 |
| 照度 | 10 |
| 食塩 | 187 |
| 食事誘発性熱産生量 | 154 |
| 食中毒 | 236 |
| 食道温 | 220 |
| 食物繊維 | 184 |
| 除脂肪 | 214 |
| 徐脈 | 30 |
| 視力検査 | 10 |
| 心筋 | 73 |
| 神経伝達物質 | 107 |
| 神経認知障害 | 134 |
| 診察室血圧 | 32 |
| 身体活動代謝量 | 154 |
| 身長 | 210 |
| 心的外傷後ストレス障害 | 128 |
| 心拍出量 | 30 |
| 心拍数 | 29 |
| 真皮 | 233 |
| 深部体温 | 220, 230 |

## す

| | |
|---|---|
| 水泳 | 90 |

| | |
|---|---|
| 錐体 | 10 |
| 垂直跳び | 87 |
| 睡眠 | 121, 124 |
| 睡眠障害 | 37 |
| 睡眠負債 | 122 |
| 水溶性食物繊維 | 184 |
| 水溶性ビタミン | 180 |
| スーパースーツ | 93 |
| スキンダイビング | 94 |
| スクイズ | 95 |
| ストライド走法 | 58 |
| ストレス | 102, 113 |
| ストレス反応 | 102 |
| ストレッサー | 102 |

## せ

| | |
|---|---|
| 生活不活発病 | 99 |
| 精神障害の診断と統計マニュアル | 127, 134 |
| 静的バランス | 51 |
| 生理的老化 | 207 |
| 赤面恐怖 | 110 |
| 赤筋線維 | 75, 89 |
| 切迫性尿失禁 | 36 |
| セレン | 178 |
| セロトニン | 81, 108, 114 |
| 前駆体 | 117 |
| 全身持久力 | 62 |
| 全身反応時間 | 147 |
| 潜水病 | 96 |
| 選択反応時間 | 146 |
| 善玉アディポサイトカイン | 166 |
| 善玉コレステロール | 169 |
| 前頭側頭型認知症 | 136 |

## そ

| | |
|---|---|
| 想起 | 118 |
| ゾーン | 143 |
| 側臥位 | 97 |
| 側坐核 | 117 |
| 速筋線維 | 75, 89 |

## た

| | |
|---|---|
| ダイエット | 150 |
| 体温 | 219 |
| 体温の危機的限界レベル | 221 |
| 体脂肪 | 164 |
| 体脂肪率 | 165 |
| 体重 | 213 |
| 大神経認知障害 | 135 |
| 対人不安 | 110 |
| 体内時計 | 24 |
| 多価不飽和脂肪酸 | 161 |
| 他者視線恐怖 | 110 |
| 脱水 | 223 |
| 多糖 | 157 |
| 多尿 | 35 |
| 多量ミネラル | 175 |
| 短期記憶 | 119 |
| 単純反応時間 | 146 |
| 男性更年期障害 | 42 |
| 単糖 | 157 |
| タンパク質 | 172 |
| 断眠実験 | 126 |

## ち

| | |
|---|---|
| 遅筋線維 | 75,89 |
| 致死性家族性不眠症 | 127 |
| 窒素中毒 | 95 |
| 窒素酔い | 95 |
| 中核温 | 230 |
| 中枢神経性嗅覚障害 | 19 |
| 中枢性疲労 | 81 |
| 中性脂肪 | 161 |
| 聴覚障害 | 14 |
| 腸管出血性大腸菌 | 238 |
| 長期記憶 | 119 |

## て

| | |
|---|---|
| 低温やけど | 234 |
| 低体温症 | 231 |
| 低炭水化物ダイエット | 152 |
| 低張性脱水 | 223 |
| 適応障害 | 127 |

| | |
|---|---|
| デシベル | 13 |
| テストステロン | 42 |
| 鉄 | 178 |
| テロメア | 205 |
| テロメラーゼ | 205 |
| 伝音性難聴 | 15 |

## と

| | |
|---|---|
| 銅 | 178 |
| 糖化 | 160,208 |
| 糖化最終生成物 | 160 |
| 糖化反応説 | 208 |
| 動機 | 115 |
| 動機づけ | 115 |
| 糖脂質 | 161 |
| 糖質 | 157 |
| 糖質コルチコイド | 103 |
| 糖質制限 | 157 |
| 糖新生 | 159 |
| 等張性脱水 | 224 |
| 動的バランス | 51 |
| ドーパミン | 117 |
| 特定保健用食品 | 153 |
| トクホ | 153 |
| 登山 | 69 |
| ドメスティックバイオレンス | 106 |
| トリアシルグルセリール | 161 |
| トリグリセリド | 161 |

## な行

| | |
|---|---|
| 内臓筋 | 73 |
| 内臓脂肪細胞 | 166 |
| 内発的動機づけ | 115 |
| ナトリウム | 177,187 |
| 縄跳び | 49 |
| 苦味 | 20 |
| 二次性低体温症 | 231 |
| 日常生活動作 | 44,135,201 |
| 日本文化特異症候群 | 110 |
| 二糖 | 157 |
| 乳酸 | 80 |
| 乳酸系 | 78 |

| | |
|---|---|
| 尿意切迫感 | 36 |
| 認知閾値 | 17, 21 |
| 認知行動療法 | 112 |
| 認知症 | 131 |
| 熱痙攣 | 227 |
| 熱失神 | 227 |
| 熱射病 | 221, 227 |
| 熱傷 | 233 |
| 熱中症 | 221, 226 |
| 熱疲労 | 227 |
| 脳血管性認知症 | 135 |
| 能動的学習 | 140 |
| 脳波 | 125 |
| ノーリミッツ | 94 |
| 能力の限界 | 3 |
| ノロウイルス | 237 |
| ノンレム睡眠 | 122 |

## は

| | |
|---|---|
| バーンアウト症候群 | 117 |
| 背臥位 | 97 |
| 排尿 | 35 |
| 排便 | 38 |
| 排便反射 | 38 |
| 廃用症候群 | 99 |
| 白衣高血圧 | 33 |
| 白色脂肪細胞 | 164 |
| 破骨細胞 | 217 |
| 走り高跳び | 89 |
| 走り幅跳び | 89 |
| パスカル | 13 |
| 長谷川式認知症スケール | 132 |
| 発汗 | 223, 226 |
| 白筋線維 | 75, 89 |
| バランス能力 | 51 |
| 反応時間 | 146 |
| 反復横跳び | 46 |

## ひ

| | |
|---|---|
| 非運動性熱産生 | 156 |
| 皮下組織 | 234 |
| ピクセル密度 | 12 |

| | |
|---|---|
| ビタミン | 179 |
| 必須アミノ酸 | 172 |
| 必須ミネラル | 175 |
| ピッチ走法 | 58 |
| ヒドロキシアパタイト | 216 |
| 非乳酸系 | 77 |
| 病原大腸菌 | 238 |
| 標準体重 | 214 |
| 表情恐怖 | 110 |
| 表皮 | 233 |
| 微量ミネラル | 175 |
| ピルビン酸 | 81 |
| 敏捷性 | 46 |
| 頻尿 | 36 |
| 頻脈 | 30 |

## ふ

| | |
|---|---|
| 不安障害 | 109 |
| 不感蒸泄 | 223 |
| 伏臥位 | 97 |
| 腹臥位 | 97 |
| 複雑性注意 | 134 |
| ブドウ糖 | 157 |
| 不飽和脂肪酸 | 161 |
| 不溶性食物繊維 | 184 |
| フリーダイビング | 94 |
| フリーランニングリズム | 24 |
| ブリンクマン指数 | 244 |
| プレッシャー | 112 |
| フロー | 143 |
| 分解酵素 | 194 |

## へ

| | |
|---|---|
| 平滑筋 | 73 |
| 閉眼片足立ち | 51 |
| 平衡感覚 | 50 |
| 閉塞潜水 | 94 |
| ヘイフリックの限界 | 205 |
| ヘルツ | 14 |
| ベロ毒素 | 239 |
| ベンチプレス | 74 |
| 便秘 | 39 |

| | |
|---|---|
| 弁別閾値 | 17 |
| 弁別反応時間 | 146 |

## ほ

| | |
|---|---|
| 膀胱容量低下 | 37 |
| 乏尿 | 36 |
| 放熱 | 226 |
| 飽和脂肪酸 | 161 |
| 飽和潜水 | 96 |
| 歩行 | 66 |
| ポリペプチド | 172 |
| ホルモン補充 | 44 |

## ま行

| | |
|---|---|
| マグネシウム | 177 |
| 末梢神経性嗅覚障害 | 19 |
| 末梢性疲労 | 81 |
| マラソン | 59 |
| マンガン | 178 |
| 味覚 | 20 |
| 味覚閾値 | 21 |
| ミクロソーム・エタノール酸化系 | 195 |
| 味細胞 | 20 |
| ミネラル | 175 |
| 脈拍数 | 29 |
| 味蕾 | 20 |
| 無機質 | 175 |
| 無効発汗 | 220 |
| 無酸素運動 | 77 |
| 無酸素性作業閾値 | 79 |
| 無尿 | 36 |
| 無理の限界 | 3 |
| メイラード反応 | 208 |
| メニエール病 | 50 |
| 免疫活性食細胞 | 222 |
| 燃え尽き症候群 | 117 |
| モリブデン | 178 |
| モンスターペアレント | 106 |

## や行

| | |
|---|---|
| 夜間多尿 | 37 |
| 夜間頻尿 | 37 |
| 野球肩 | 85 |

| | |
|---|---|
| 野球肘 | 85 |
| やけど | 233 |
| 山登り | 69 |
| やる気 | 115 |
| 遊脚相 | 66 |
| 有効発汗 | 220 |
| 有酸素運動 | 77 |
| 有酸素性能力 | 63 |
| ヨウ素 | 178 |
| 羊皮紙様 | 235 |
| 予期不安 | 109 |
| 四大認知症 | 135 |

## ら行

| | |
|---|---|
| ラダートレーニング | 47 |
| ランドルト環 | 10 |
| 立脚相 | 66 |
| 立体視覚 | 10 |
| リポタンパク質 | 169 |
| リン | 177 |
| リン脂質 | 161 |
| レビー小体型認知症 | 136 |
| レプチン | 166 |
| レム睡眠 | 122 |
| 老化 | 207 |
| 老化物質 | 160 |
| 老人性聴覚障害 | 15 |
| 老人性認知症 | 120 |
| 老廃物蓄積説 | 207 |
| ロードレイジ | 108 |

サイエンス・アイ新書
SIS-401

http://sciencei.sbcr.jp/

## 人体の限界
### 人はどこまで耐えられるのか
### 人の能力はどこまで伸ばせるのか

2018年 3月25日　初版第1刷発行

| 著　者 | 山崎昌廣（やまさきまさひろ） |
|---|---|
| 発行者 | 小川　淳 |
| 発行所 | SBクリエイティブ株式会社<br>〒106-0032　東京都港区六本木2-4-5<br>電話：03-5549-1201（営業部） |
| 編集制作 | 編集マッハ |
| 校　閲 | 曽根信寿 |
| 装　丁 | 渡辺縁 |
| 印刷・製本 | 株式会社シナノパブリッシングプレス |

乱丁・落丁本が万一ございましたら、小社営業部まで着払いにてご送付ください。送料小社負担にてお取り替えいたします。本書の内容の一部あるいは全部を無断で複写（コピー）することは、かたくお断りいたします。本書の内容に関するご質問等は、小社科学書籍編集部まで必ず書面にてご連絡いただきますようお願いいたします。

©山﨑昌廣　2018 Printed in Japan　ISBN 978-4-7973-8843-5

SB Creative